向动植物偷师学艺

——仿生应用篇 >>>

畲田 主编

西北工業大學出版社

【青少年科技知识普及丛书仿生学系列】

推荐单位

北京科普发展中心

陕西省青少年科技教育协会

陕西省科普宣传教育中心

陕西省动物学会

陕西省植物学会

前言
Qianyan

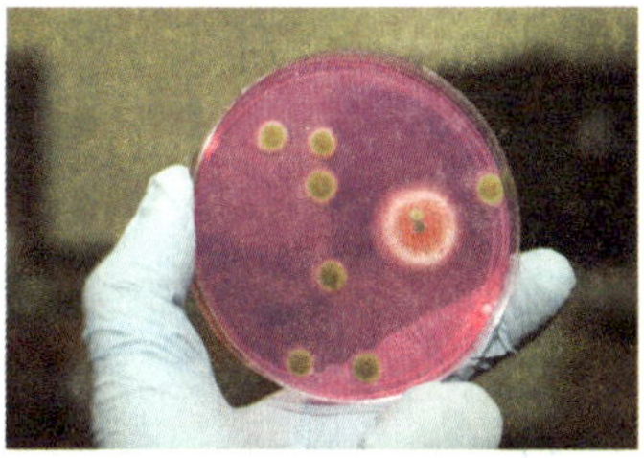

自然界的生物在漫长的进化过程中优胜劣汰，为了生存、自卫、竞争和发展的需要，它们强化了许多优异的身体结构和特殊的功能。

早在古代，人类就开始向大自然学习。鲁班发现柔弱的茅草叶子能划伤人的皮肤，于是发明了锯子。19 世纪时，意大利物理学家伏打根据电鱼会放电的天然器官，设计了世界上第一个直流电源——伏打电池。到了现代，人们发现，声名狼藉的苍蝇竟然有着极其灵敏的嗅觉，科学家据此发明了气体分析仪，从而帮助人类将探索的脚步迈向宇宙空间……

我们周围的生物都可以成为人类的老师。无论是 1 微米长的细菌，还是长达几十米的巨鲸，世界上的任何一种生物都有其独特的生存本领。如此多姿多彩的生物界有许多秘密值得我们人类去探索、学习。

目录 Mulu

F-WWJB

仿生应用>>>

自古以来，自然界就是人类各种科学技术原理及重大发明的源泉。人类对自然资源的利用范围越来越广泛，特别是人类在仿生应用方面的所有成就都来自生物的某种特性。仿生资源是一个取之不尽的知识宝库，在民用、军事方面都具有非常广阔的前景。

机械仿生

在自然界中，生物通过物竞天择和长期自身的进化，已对自然环境具有高度的适应性。它们感知、决策、指令、反馈、运动等技能和器官结构远比人类所曾制造的机械更加完善。如受其启发，人类模仿鸟类、昆虫和鱼类的这一特点，研制出了适宜在空中、水下活动的机械系统。根据蝙蝠发明了雷达，根据苍蝇和蜻蜓发明了复眼透视镜等。

✳ 鸟儿们的家大都是用一些小草和树叶搭建起来的，小巧而牢固。

知识角 ZHISHIJIAO

作为仿生学研究的领域之一，能量仿生是指研究与模仿生物电器官，如生物发光、肌肉直接把化学能转换成机械能等生物体中的能量转换过程。

建筑仿生

精巧的巢室、深幽的洞穴、仰视难见的巨树、压而不弯的小草，自然界的生物建筑师具有各种各样的奇特本领。人类从营造第一个巢穴起，就不断地模仿生物来改造自己的建筑。直到今天，建筑学家们还能够从生物建筑师那里得到许多有益的启示。例如，自然界中巧妙的薄壳结构具有各种不同形状的弯曲表面，不仅外形美观，还能够承受相当大的压力。在建筑工程上，人们已广泛采用这种结构，如大楼的圆形屋顶、模仿贝类制造的商场顶盖等。

军事仿生

在仿生学领域中，军事仿生学是发展最快的。现代化战争要求快速、准确、灵巧的各种新式武器和装备，而生物的眼、耳、鼻、皮肤和其他器官具有许多奇妙的特性，足以为现代化武器的研究提供启示。根据生物器官的启示，人类近20年来发明了形形色色的仿生武器，它们在当代和未来的战争中必将发挥重要的作用。

※ 电鳗是一种带电的动物，人们根据它的这个特性研究出了我们日常所能见到的电池等高科技产品。

电子仿生

根据个别动物会放电的原理，科学家不但发明了电池，而且还启发人们发明了自动控制机、机器人、人造假手和电子计算机等。例如，人造假手的出现不仅为四肢残废的人制造了运用自如的四肢，而且由于生物电经过放大之后，可以用导线或无线电波传送到非常遥远的地方去。比如到那时，人们可以让假手到万米深的海底去取宝，或到高炉里、矿井里去操作，甚至可以让其到外星球去探险。

化学仿生

化学仿生研究的内容主要为模拟生物体内的化学反应过程，模拟生物体内的物质输送过程以及模拟生物体内的能量转换等过程。迄今为止，人们在开发新能源，提高能源转化率等方面已取得了不少成就，但和生物界相比则又显得渺小了。一般的电灯，有90%以上的电能是转变为热能而浪费掉的，即便是节能灯也要浪费65%以上的电能。而生物体内进行的光能、电能、化学能等各种能量间的转换，其效率之高已为人所知。在能源日趋短缺的今天，模仿生物高效利用能量，对开发新能源也有着极其重大的指导意义。

※ 在现代化的城市中，人类建造的高楼大厦林立，然而这些建筑的方方面面都受到生物的启发。

王莲和建筑>>>

如今，玻璃钢筋建筑几乎遍布世界的每一个角落，可是在19世纪中期，伦敦水晶宫诞生在首届世界博览会的那年，却成为令人惊叹的里程碑式的建筑。然而，建造这个伟大建筑的最初灵感则来源于水生植物王莲。

※ 当年，那位园艺师正是模仿植物王莲叶脉的结构，创意设计了这一座以钢铁和玻璃为建材的“水晶宫”。

皇家园艺师的灵感

1851年初，距离首届世界博览会开幕只有几个月了，可展馆还没有着落。英国女王的丈夫、世博会“总导演”阿尔伯特亲王为此一筹莫展。来自世界各地的几百份设计方案，要么工期长，要么样式老旧，他都不满意。就在此时，皇家园艺师帕克斯顿毛遂自荐，自称能解燃眉之急。在英国议会做设计解释时，帕克斯顿说，王莲一片叶子就能托起他7岁的女儿，原因是背后有强大的肋拱结构，受此启发，他准备采用“王莲叶脉”结构设计新展馆。

“水晶宫”的诞生

帕克斯顿的方案通过后不久，一座新颖美观的“水晶宫”竣工了。它是一座顶棚跨度很大的展览大厅，以“钢铁为骨、玻璃为墙”，类似“玻璃花房”。整座建筑既轻巧、雄伟，又经济耐用，它不仅成就了第一届世界博览会，而且构建了近现代功能主义建筑的雏形。水晶宫的建筑面积约9.2万平方米，宽约124.4米，长约564米，高33米。

知识角 ZHISHIJIAO

1837年，一位英国探险家在南美洲的圭亚那发现了美丽的王莲。这种莲花的叶片直径可达两米，非常壮观美丽，他便采集了一些种子带回英国种植。

※ 王莲的向着太阳的面是淡绿色的，很光滑。

最大的莲

王莲是世界上最大的莲，普通莲花的叶子直径为 0.6 ~ 0.7 米，但王莲叶直径达 2 ~ 3 米，最长可达 4 米。叶子向阳的一面是淡绿色的，非常光滑，背阳的一面是土红色的，密布着粗壮的叶脉和刺毛。叶子的边缘向上卷，浮在水面上就像只大平底锅。虽然只是一片巨大的叶子，但它的支撑和承重能力却极不一般。在一片王莲叶子的中央站上一个 35 千克重的孩子，它还能像小船一样浮着。即使在王莲叶面上均匀地平铺一层 75 千克的黄沙，这个巨大的叶子也不会往下沉。

力量的来源

人们通过仔细研究发现，王莲叶子这异常强大的力量来自纵横交错、粗细不等的叶脉。莲叶背面有许许多多粗大的呈放射状的叶脉，之间还有镰刀形的横筋紧密连接，构成了一种非常稳定的网状骨架，莲叶较强的承重能力由此而来。

※ 王莲是水生有花植物中叶片最大的植物，它的叶片呈圆形，像圆盘一样浮在水面。每片王莲的叶子可承重二三十千克的小孩。

无处不在的"王莲"

自从 19 世纪初，欧洲人发现王莲以来，莲叶的结构与功能便一直成为建筑学家研究的课题，并试图将其用于建筑设计。经过努力，如今，这一美好的愿望终于变为现实。我们时常见到的大跨度宏伟楼房建筑工程，在房顶结构上都还能或多或少地看出王莲叶片结构的轮廓。比如体育馆大厅屋顶，既具有足够的牢固性，又免除了许多梁柱，使观众可以从不同位置很方便地观看比赛。

苍耳和尼龙搭扣>>>

尼龙搭扣又称“魔术贴”，在我们的日常用品中经常能看到它的身影，如衣服、鞋子、背包、窗帘等，它使用起来非常方便，只要将两边的尼龙搭扣粘住，物品就可以合上了。这东西为什么叫尼龙搭扣呢？尼龙搭扣又是谁发明的呢？

偶然的发现

据说，瑞士发明家乔治·梅斯特拉尔喜欢带着狗外出散步。有一天，他带着狗去树林里散步回来，突然发现自己裤子上和狗的身上都粘满了苍耳，要清除掉这些苍耳还得费一番工夫，他用放大镜一看，才发现了苍耳身上带有一些小刺，这些小刺粘在有毛的裤子上，就会牢牢得粘住，任人怎么甩都甩不掉，除非用手拔掉。于是，乔治想，如果采用这两种形状的结构不就可以发明一个搭扣吗？8 年后，世界上第一个尼龙搭扣最终在梅斯特拉尔手上诞生了。

※ 苍耳常常生长在路边、山坡等许多地方。

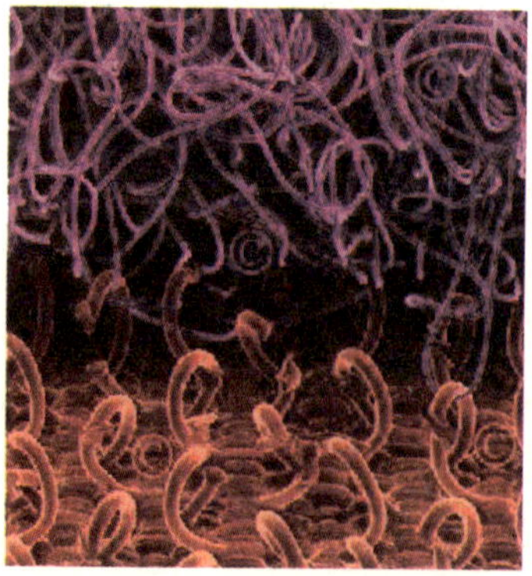

※ 尼龙搭扣的两边都是尼龙做的，一排是小勾，另一排是线圈。

名字的由来

尼龙搭扣这个名字的由来是因为两边都是尼龙做的，一边是一排排的小勾，另一边是密密麻麻的小线圈，两边贴在一起的时候，小勾就勾住小线圈，使其能粘在一起，所以取名为尼龙搭扣。

尼龙搭扣的原理

尼龙搭扣带采用尼龙做原料，由平纹组织和成圈组织交织而成。钩带用 0.25 毫米直径的尼龙鬃丝成圈，经热定形、涂胶、破勾等处理，获得硬挺直立、不易变形的钩子。绒带用尼龙复丝成圈，经热定型、涂胶处理获得直立、柔软略带疏散性的圈状结构。钩带和绒带复合起来时，硬挺的钩子很容易勾住柔软的绒圈而起搭扣作用。破勾工序是将鬃丝圈剖割成勾；涂胶是使带坯底布上经纬组织点固定、黏牢，防止搭扣带在使用时勾子拉脱和绒圈受力拉散拉长。

知识角 ZHISHIJIAO

苍耳的全株都有毒，其中，幼芽和果实的毒性最大，茎叶中都含有对神经及肌肉有毒的物质，可损害心、肝、肾及引起出血。

※ 尼龙搭扣在生活中经常可以遇见，我们的背包等物品都是用到了尼龙搭扣。

生活的好帮手

由于尼龙搭扣能够产生较大的扣合力和撕揭力，所以人们用它来代替拉链、纽扣等连接材料。在尼龙搭扣家族中，还有一种蘑菇形的勾带和针织型的绒带，其扣合力和撕揭力非常强，但绒面容易损坏，所以只应用在不经常撕揭的物品上。如今，在我们日常生活中随处可见尼龙搭扣，无论是衣服、鞋子、表带、背包，甚至汽车、飞机、降落伞、太空装或航天飞机，都可以看到尼龙搭扣的应用。

※ 尼龙搭扣常常用在鞋子上，看起来大方又简单。

苍耳是什么

苍耳是一年生草本植物，高可达 1 米。叶子呈卵状三角形，长为 6 ~ 10 厘米，宽为 5 ~ 10 厘米，顶端尖，基部浅心形至阔楔形，边缘有不规则的锯齿或常成不明显的 3 浅裂，两面有贴生糙伏毛；叶柄长为 3. 5 ~ 10 厘米，密集地覆盖着细毛。苍耳的果实苍耳子为长椭圆形或卵形，表面具有钩刺和密生细毛，钩刺长为 1.5 ~ 2 毫米，顶端有喙。苍耳主要分布于美洲、东亚、欧洲大部分地区，在我国也广泛分布，主要生长于山坡、草地、路旁。

橘子瓣和悉尼歌剧院>>>

悉尼歌剧院不仅是悉尼艺术文化的殿堂，更是澳大利亚人的骄傲。它白色的外表，建在海港上的贝壳般的雕塑体，像飘浮在空中的散开的花瓣，多少年来一直令人们叹为观止。或许很多人都不会想到，悉尼歌剧院设计者的最初灵感来源于橘子瓣。

废纸篓中的最佳方案

20 世纪 50 年代，澳大利亚新南威尔士州政府决定在悉尼建造一座歌剧院，为保证歌剧院的水准，举行了一次世界范围的歌剧院设计竞赛。竞赛到了结束阶段，建设委员会对来自 32 个国家的 233 份设计方案进行筛选，最后选出了 3 份，提请著名的美国建筑大师路艾·沙里宁审定。大师看了 3 份设计，都不满意，又找来几份，他还是失望，以至于把所有留存的方案都过了一遍，仍然没有令他满意的。最后只好从废纸篓里寻找，终于找到了一份，沙里宁看了这份从废纸篓里找出来的东西，非常兴奋，并确定其为最佳方案。

✳ 我们吃的橘子也可以使设计者产生灵感。

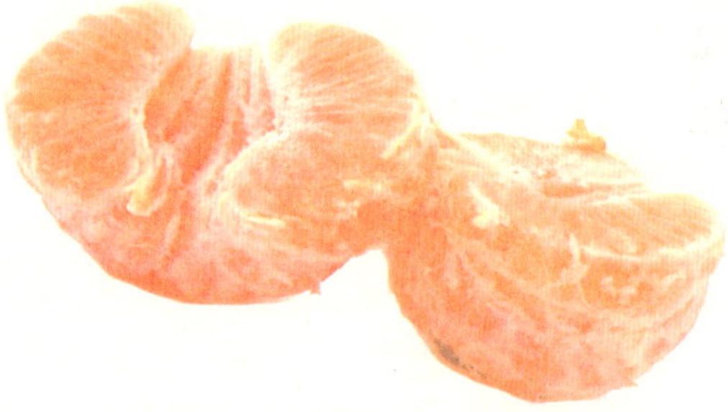

✳ 一瓣一瓣的香甜可口的橘子却可以和悉尼歌剧院联系到一块，这么庞大的建筑工程，其灵感竟是由一瓣瓣的橘子而来的。

天才的建筑师

这份方案的设计者就是丹麦 38 岁的建筑师琼·伍重。琼·伍重设计的仅仅是个草图，根本不像人们想象中的歌剧院风格，这可能是在初选时就被淘汰的原因。但是，这个起初被弃而后又被捡回来的草图，却造就了一座世界的顶级建筑。更令人意想不到的是，这样一个令世人惊叹的建筑，竟出自琼·伍重的灵机一动，而这个灵机一动，竟然与一个橘子有关。

※ 来自橘子瓣灵感的悉尼歌剧院是澳大利亚人的骄傲。

来自橘子的灵感

当得到新南威尔士州征集悉尼歌剧院方案时，琼·伍重就决定要参加这个大赛。他查阅了许多资料，无论是白天还是晚上都沉浸在设计里，可是随着截稿日期的临近，丝毫没有头绪。有一天，他依然在思索中，随手拿过一个橘子，一边思考方案，一边漫无目的地用小刀在橘子上划来划去。橘子被他的小刀横的竖的划了一道又一道，无意中橘子被切开了。当他看着那一瓣一瓣的橘子，突然来了灵感。琼·伍重非常高兴，他迅速设计好草图，寄往新南威尔士州。

伟大的建筑

就这样，20 世纪最伟大的建筑诞生了。1959 年，歌剧院正式破土动工，直到 1973 年，经过 15 年的建设，悉尼歌剧院终于在几度搁浅后，正式竣工。工程的总花费是设计预算的 15 倍。英国女皇伊丽莎白二世当时亲自为歌剧院落成剪彩揭幕。

悉尼歌剧院的外观为三组巨大的“贝壳”，耸立在南北长为 186 米、东西最宽处为 97 米的基座上。

知识角 ZHISHIJIAO

悉尼歌剧院的第一组“贝壳”在地段西侧，成串排列，内部是音乐厅。第二组在地段东侧，内部是歌剧厅。第三组在它们的西南方，里面是贝尼朗餐厅。

※ 这个伟大的建筑，贝壳般的雕塑体，就好似飘浮在空中散开的花瓣，美丽而大方。

巨大的规模

音乐厅是悉尼歌剧院最大的厅堂，共可容纳 2 679 名观众，通常用于举办交响乐、室内乐、歌剧、舞蹈、合唱、流行乐、爵士乐等多种表演。此外，剧院还有图书馆、展览馆、演员食堂、咖啡馆、酒吧间、5 个排列厅、65 个化妆室等大小厅室 900 多间。

荷叶与防水衣服>>>

自古以来，人们常用“出污泥而不染”来形容荷花，荷花被作为美丽、纯洁的象征。到了近代，随着科技的发展，人们发现莲叶表面特殊的结构使其具有自我清洁的功能，科学家称这种功能为莲花效应，并根据这个原理制造出了防尘、防水的衣服。

反常规的发现

20世纪70年代，德国植物学家威廉·巴特洛特和同事在试验中，偶然发现了一个反常规的现象。按惯例，实验用的植物都要被清洗干净的，可是他们注意到：通常只有那些表面光滑的叶子才需要清洗，而看起来粗糙的叶子，往往很干净。尤其是荷叶，它的表面不但不带灰尘，而且连水都不粘。荷花的生长少不了淤泥，因为它提供了非常丰富的腐殖质，供荷花的生长所需。可是破水而出的荷叶上，不但淤泥、灰尘不粘，就连水滴也很难在上面安安稳稳地待上一会儿，仿佛自己就能把叶片打扫得干干净净的。

※ 荷叶看起来总是非常干净，是因为它有自洁的功能。

※ 科学家根据荷叶的特殊结构，发明了各类防水服。

蜡质的作用

为什么荷叶会有自我清洁的特性呢？最开始人们认为是荷叶上那层白色的蜡质结晶决定的。人们通过电子显微镜，发现荷叶表皮细胞分泌的蜡质结晶呈现出线状或是毛发状的结构，并且在叶片的正面和背面都有分布。但是水在荷叶背面无法形成球状而自如的滚动，反而还会滞留在中心。而且人们还发现在睡莲叶子的正面也有蜡，可是水滴上去，很快就铺平、蔓延开了，所以除了蜡质结晶之外，荷叶表面肯定还另有原因。

✳ 科学家发现荷叶的表面有许多微小的乳突。

真相大白

后来，经过科学家的长期观察研究，在 20 世纪 90 年代时终于揭开了荷叶表面的奥妙。原来在荷叶叶面上存在着非常复杂的多重纳米和微米级的超微结构。在超高分辨率显微镜下可以清晰看到，荷叶表面上有许多微小的乳突，乳突的平均大小约为 10 微米，平均间距约 12 微米，而每个乳突由许多直径为 200 纳米左右的突起组成的。

神奇的“山头”

荷叶表面的特殊结构可以解释为，在那些微米尺度的“小山”上又叠加了许多纳米“小山”。正是具有这些微小的双重结构，使荷叶表面布满了“山头”，“山”与“山”之间的空隙非常窄，再小的水滴也只能在“山头”上跑来跑去。而水滴在滚动的时候，也就带走了叶子上的灰尘，从而使叶面始终一尘不染。

✳ 荷叶表面布满了“山头”，空间非常窄，水只能在山头跑动，而水在滚动的时候，就带走了灰尘，所以很干净，一尘不染。

知识角 ZHISHIJIAO

如果我们将荷叶放到水里，浸泡一段时间，就会发现，由于压力的作用，荷叶表面乳凸和纳米结晶之间的空气会被排除，所以这时荷叶会变成亲水的。

广泛的应用

科研人员模仿荷叶的自净原理，处理各种纺织材料，如棉、麻、丝、毛、绒、混纺、化纤等，使其具有卓越的防水和防油性能（包括蔬菜瓜汁、墨水、酱油等各种物质）。而且这项技术可以应用于生产建筑涂料、服装面料、厨具面板等需要耐脏的产品。美国已经开始研究如何将这种自净原理用于汽车制造，使有车族不必再日日洗车。

✳ 雨衣就是模仿荷叶这一特点做出来的。

蒺藜和铁蒺藜>>>

蒺藜是一种普通的草本植物，它的果实具有非常独特的形状。在古代，人们就根据蒺藜的形状发明了一种军用的障碍物铁蒺藜，它制造简易，布设方便。2000 多年来，铁蒺藜一直在战争中发挥着重要作用。

蒺藜

蒺藜是一年生或多年生草本植物，它的果实在秋天成熟，可入药，具有滋补作用。完整的蒺藜果实由 5 个分果瓣组成，放射状排列呈五棱状球形，直径为 0.7 ~ 1.2 厘米。小分果斧状或橘瓣状，长为 0.2 ~ 0.6 厘米，黄白色或淡黄绿色，背面弓形隆起，中间有纵棱及多数疙瘩状小短刺；上部两侧各有一粗硬刺，长为 0.4 ~ 0.6 厘米，成八字形分开，基部的两个粗硬刺稍短，亦呈八字形分开，两侧面较薄，有网状花纹或数条斜向棱线。果皮为木质，非常坚硬。

✳ 蒺藜的果实放射状排列呈五棱状球形

小分果斧状，淡黄绿色，果皮为木质，非常坚硬。

铁蒺藜

受到蒺藜果实特殊形状的启发，我国的古人发明了铁蒺藜，其俗称四角钉，是一种军用的铁质尖刺的撒布障碍物。它有 4 根伸出的铁刺，长数寸，凡着地时均有一个锋利的尖刺朝天。在古代的战争中，将铁蒺藜撒布在地，用来延缓敌军的行动速度，是典型的防御器材，尤其是步兵对骑兵的防御最为有效。有的铁蒺藜中心有孔，可用绳串连，以便布设和收取。

重要作用

战争中进攻成功率的一个重要因素是进攻的突然性，事先准备的蒺藜带很有可能被敌方破坏，因此防守的关键在于迅速地发现进攻的方向，并在第一时间形成第一道防线。如同现在战争的发展，火箭布雷慢慢替代了人工布设，移动蒺藜逐渐登上战争舞台。蒺藜和弩箭结合在一起，起到了快速布设的目的，可以快速在己军阵前 50 米外构建防御阵地，延缓对方骑兵的攻击，给己军的弓箭射击制造目标。

※ 蒺藜果实在秋天成熟，可入药，具有滋补作用。

知识角 ZHISHIJIAO

在中国明代，战船上装载着大量铁蒺藜。一般来说，大型船装载 1 000 枚，中型船装 800 枚。交战时，向敌船投掷，使敌人在船上难于行动和作战。

※ 模仿蒺藜做出来的铁蒺藜

铁蒺藜的发展

战国时期已使用铁蒺藜。秦汉以后，铁蒺藜成为军队中常用的防御器材，除在道路、防御地带、城池四周布设外，部队驻营时，也在营区四周布设。宋代以后铁蒺藜的种类逐渐增多，如布设在水中的“铁菱角”，联缀于木板上的“地涩”，拦马用的“蹄”，在刺上涂敷毒药的“鬼箭”等。明代时，军队已经广泛使用铁蒺藜。在戚继光的军队中，每名藤牌手、挨牌手“各带蒺藜十串，每串六个接连”（戚继光《纪效新书》），便于野战布营。

古书记载

《墨子·备城门》记载，在战国时的城市防御战中，“皆积参石、蒺藜”。《六韬·虎韬》记载：“狭路微径，张铁蒺藜，芒高四寸，广八寸。”《宋史·扈再兴传》中记载，南宋嘉定十二年（1219 年），金兵攻枣阳，宋将扈再兴“夜以铁蒺藜密布地，黎明佯遁，金人驰中蒺藜者十踣七八”。

※ 战场上，人们铺设铁蒺藜来拖延敌人的行军速度。

柳树和阿司匹林>>>

家喻户晓的常用药阿司匹林是19世纪末20世纪初发明的。在其诞生后的100年间，全世界的人大约服用了10亿片。它被用来治疗头痛、发烧，近年来又在治疗风湿病上大显身手。而阿司匹林的发明起源于随处可见的柳树却是鲜为人知的。

※ 柳树皮是民间流行的退烧药物。

柳树皮中的发现

阿司匹林的正式名称为“乙酰水杨酸”，人类使用这种药物已有很久的历史了。据说早在远古时代，我们的先祖就已知道咀嚼柳树叶有解热镇痛的功效。2 000多年前，古希腊著名医学家希波克拉底也常将柳树根或叶浸泡或煮出液体，用于解除妇女分娩时的痛苦以及治疗产后热。

英国神甫的尝试

在中世纪，柳树皮是民间流行的退烧药物。然而，到了15世纪，为了保护新兴的柳枝编制业，剥柳树皮被列为违法，所以柳树皮逐渐被停止使用。直到1763年，英国神甫爱德华·斯通才重新发现了柳树皮的作用。在一天午后的散步中，斯通突然想嚼一点树皮，于是折下当地一种柳树的小枝。他发现，柳枝的味道尝起来与用做止痛药的一种秘鲁树皮很像。后来，斯通拿柳树皮给他教区内50位发烧患者服用，结果奏效了。

※ 在古代，人们常常咀嚼柳枝来解热镇痛。

难以下咽的药粉

斯通神甫将自己的试验结果报告给了英国皇家协会。不过，他有一点没弄明白，就是这种汁液虽然有镇痛解热的作用，但对食管和胃部有强烈的副作用。后来，许多国家的科学家尝试制造较纯的、味道较好的柳树皮药粉。这样的药粉虽具有疗效，但尝起来就像树皮，使许多人感到反胃甚至难以下咽。

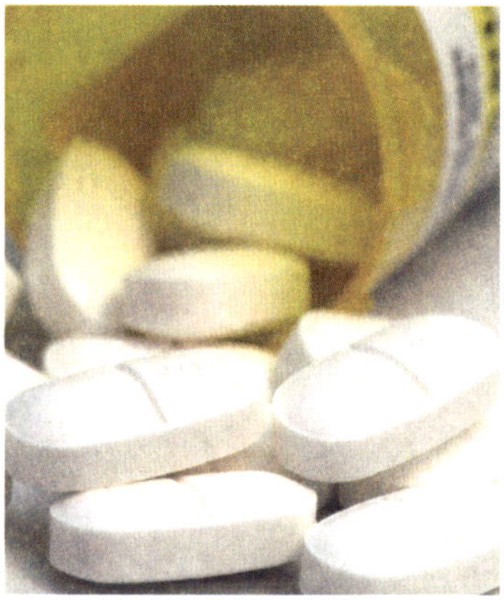

※ 阿司匹林是我们常见的药品。

不断地努力

1828 年，德国药学家布赫勒首次从柳树叶中提取出水杨苷，水解后为水杨酸和葡萄糖，不久，意大利化学家也第一次从水杨苷中获得水杨酸。由于最初水杨酸是从柳树皮中获得，故其曾又被叫做“柳酸”。由于水杨酸对胃肠道刺激性大，当时只有个别疼痛很剧烈的人才服用它。到 1853 年时，有人用水杨酸与醋酐合成了“乙酰水杨酸”，但未引起人们的重视。直到 1899 年，德国拜耳药厂的化学家霍夫曼，用人工合成的“乙酰水杨酸”治好了他父亲的关节炎，才将此药取名为“阿司匹林”，并开始向全世界推广。

知识角 ZHISHIJIAO

作为常用药，阿司匹林在全球的需求量很大。据统计，目前全世界每年消耗的阿司匹林达 5 万吨，约 600 亿剂。仅美国和英国，1 年就消耗 1.1 万吨。

药物史上的奇迹

阿司匹林一问世，立即成为治疗感冒、头痛、发烧、风湿病和缓解、治疗关节及其他部位疼痛的最畅销止痛药。1969 年 7 月，阿司匹林还随宇航员阿姆斯特朗登上月球以治疗宇航员的头痛和肌肉痛。1974 年，医生逐渐发现它不仅仅是止痛药，每天服用阿司匹林还可以大幅降低心脏病发作的几率。近年来，阿司匹林被证实有助于许多疾病的治疗，包括中风、白内障以及许多种类的癌症。自问世至今，阿司匹林已经历了百年岁月，挽救了成千上万人的生命。它同青霉素、安定共同被誉为世界三大经典药物，成为药物史上的奇迹。

※ 阿司匹林挽救了许多人的生命，有心脏病的人每天可以适量的服用，这样可以减少心脏病的复发。

猫眼和安全灯›››

在漆黑的夜晚，猫往往能清楚地观察老鼠的一举一动并敏捷地抓住它。猫的眼睛为什么能在黑暗中看清东西呢？其秘密在于猫眼的视网膜上具有特殊的圆柱细胞，它能感受夜间的光觉，人类根据猫眼的特殊结构发明了安全灯和夜视仪。

安全灯的出现

20世纪初，在英国布拉福德的某个地方，司机走夜路时常常会利用电车路轨反射的灯光。当电车路轨拆除后，夜间行车的司机感觉很不便。有一次夜间，一位名叫珀西·肖的司机看到路旁有两颗亮亮的东西，结果发现是一只猫的眼睛反射了车灯的光线。于是，珀西·肖大受启发，最终发明了安全灯，并且于1935年5月30日在英国提出专利申请。由于汽车拥有量的增加，以及第二次世界大战期间的灯火管制，安全灯得以实现大规模生产。时至今日，它的触角已经延伸到世界各个角落，为交通安全作出了很大贡献。

汽车的反射灯

猫的的视网膜上具有圆锥细胞和圆柱细胞，分别管理昼夜活动；猫头鹰等动物其视网膜只有圆柱细胞，所以才能在夜晚活动。

神奇的圆柱细胞

猫的眼睛之所以能在黑暗中看清东西，是由于猫眼的视网膜上具有圆锥细胞和圆柱细胞，圆锥细胞能感受白天普通光的光强和颜色，圆柱细胞能感受夜间的光觉。一般只能在白天活动的动物中如鸟、鸡等，它们的视网膜中常常只有圆锥细胞；而另一些只能在夜间活动的动物如猫头鹰，其视网膜上只有圆柱细胞。

变化的瞳孔

猫眼还有一个特点，在它感受弱光时，瞳孔能够随着光的不同强度而自动调整。所以，在中午阳光很强时，你会看到猫眯缝着它的双眼，瞳孔已缩小成直线般的细缝，保证只让少量的光线进入瞳孔内；而在光线十分微弱的晚上，瞳孔又能放大呈圆形，以便保证在黑暗中也能看清楚各种物体。

※ 微光夜视仪

微光夜视仪

在猫眼的启发之下，科学家们还研制出了微光夜视仪。微光夜视仪能捕捉夜间目标反射的低亮度星光和月光，然后增强放大到几十万倍，从而达到人眼能够观察的程度。在星光条件下，用微光夜视仪能观察到 800 米距离内的人员和 1.5 千米距离内的车辆。但它作用距离和观察效果受天气影响很大，下雨、起雾时不能正常的工作。但是微光夜视仪毕竟是需要借助外界光线的，要是没有一点光线，它也就不能发挥作用了。

知识角 ZHISHIJIAO

现在，这种模仿猫眼研制出的微光夜视仪除了军用之外，还能进行石油勘探、森林防火、土地规划，以及帮助潜水员铺设海底电缆等。

强光的威胁

目前，世界各国的军队都装备了微光夜视仪。为进一步完善性能，不少国家正在改进关键部件，提高感光的灵敏度，扩大光谱的响应范围，将感应范围从可见光延伸到红外波段。不过，微光夜视仪对极微弱的光十分敏感，遇到强光照射感光部件就会烧坏。夜间作战时如火炮射击、炸弹爆炸、坦克油箱起火都会产生极强的闪光，使夜视仪完全遭到破坏。而且白天有强烈的日光照射，微光夜视仪也无法使用。

※ 微光夜视仪也有弱点，在产生极强的闪光或在白天有强烈的日光照射下就无法使用。

海豚与声呐>>>

海豚常被人们称为大海中的精灵，当它们跃出海面时，流线型的身体便会在空中划出一道道美丽的弧线，深受人们的喜爱。海豚还是世界上最聪明的动物之一，人类现在使用的声呐就是在海豚的启发下产生的。

海豚的声呐系统

无论白天黑夜，还是水质清澈混浊，海豚都能准确地捕到鱼。这是因为海豚具有超声波探测和导航的本领，即声呐系统。海豚没有声带，其声音源来自它头部内的瓣膜和气囊系统，海豚把空气吸入气囊系统，连接它们的瓣膜，空气流过瓣膜的边缘发生振动，便会发出声波。海豚头的前部还有“脂肪瘤”，它紧靠在瓣膜和气囊的前面，起着“声透镜”的作用，能把回声定位脉冲束聚焦后再定向发射出去，因此海豚的定位探测能力极强。

※ 聪明的海豚常常是动物表演中的明星。

※ 海豚的声呐系统的目标识别能力很强。

灵敏度很高

海豚的声呐系统灵敏度很高，能发现几米以外直径 0.2 毫米的金属丝和直径 1 毫米的尼龙绳，能发现几百米外的鱼群，能遮住眼睛在插满竹竿的水池子中灵活迅速地穿行而不会碰到竹竿；海豚声呐的目标识别能力很强，不但能识别不同的鱼类，区分开黄铜、铝、电木、塑料等不同的物质材料，还能区分开自己发声的回波和人们录下它的声音而重放的声波。还有，当海豚对前方某一区域特别关注时，它能将超声波束聚拢后针对这一区域，这样，能使传波信号清晰地反映这一区域的“隐秘”，从而使海豚及时做好捕猎或逃离的准备。

不同的分工

海豚声呐的抗干扰能力也是惊人的，如果有噪声干扰，它会提高叫声的强度盖过噪声，以使自己的判断不受影响；而且，海豚声呐还具有感情表达能力，已经证实海豚是一种有“语言”的动物，它们的“交谈”正是通过其声呐系统。科学家经过研究发现,海豚在水下有三种发声方式:第一种,whistles（类似于低声私语），频率较低，用于海豚的正常交流；第二种，burst pulse（急促的脉冲），频率稍高，用于海豚紧急时相互警告；第三种，clicks，频率最高，海豚特有的发声，用于回声定位。

※ 海豚是人类的好朋友。

两大类声呐

模拟海豚的声呐系统，科学家们发明了“主动式声呐”和“被动式声呐”两大类。主动式声呐主动发出声信号，去寻找水下目标，根据声波的反射情况作出判断；被动式声呐收听水中目标发出的噪音，从而测出目标所在的方位、距离。然而，这两类声呐在使用过程中都暴露出一些缺陷：主动式声呐发出的声波容易被水中的潜水艇发现；被动式声呐对于不发声的目标无能为力。

知识角 ZHISHIJIAO

海豚声呐还能用来识别同类。当它们集体活动时，相互间的声呐信号互不干扰，尽管同伴间的超声波会交汇碰撞，但这并不影响海豚对回波信号的解读。

※ 声呐已经是各国海军进行水下监视的重要武器。

声呐技术的广泛应用

目前，声呐已经成为各国海军进行水下监视使用的主要技术，用于对水下目标进行探测、分类、定位和跟踪，进行水下通信和导航，保障舰艇、反潜飞机和水中武器的使用。此外，声呐技术还广泛用于鱼雷制导、水雷引信，以及鱼群探测、海洋石油勘探、船舶导航、水下作业、水文测量和海底地质地貌的勘测等。

青蛙与电子蛙眼>>>

青蛙是田间有名的益虫，是农民的好帮手，它们具有很强的捕虫本领。当有小飞虫从它眼前飞过时，便一跃而起，总能准确地把虫抓住。然而对静止不动的东西，青蛙却“视而不见”。根据蛙眼的这一特点，人类发明了电子蛙眼。

✻ 青蛙眼睛对动的物体特别敏锐，而却对静的物体看不见。

独到的蛙眼

青蛙的眼睛特别敏锐，哪怕是飞行中的一只极小的蚊子，也会一口将其吃掉；可是对静的东西，青蛙却似乎看不见。为此，科学家曾做了无数次相同的实验，在一个玻璃箱子里放一只青蛙，青蛙旁放了很多死苍蝇，过了一个星期，青蛙竟活活饿死了。拿一只苍蝇在青蛙面前晃动，苍蝇一下子就被吃掉了。两次不同实验表明了青蛙只有对动的东西特别敏锐。这正是蛙眼视觉机能的独到之处，是它适应其特定生活环境所形成的一套特殊本领。

四种感觉细胞

经过深入地研究，科学工作者发现青蛙有四种感觉细胞，第一种能感觉运动目标暗色前后边缘；第二种对有轮廓的暗颜色目标的突边产生反应；第三种对静止和运动物体的边缘感最灵敏；第四种则只要光的强度减弱了，它就立刻反应。青蛙在这四种神经细胞的作用下，能把一个复杂的图像分解成几种容易辨别的特征，然后传送到大脑的视觉中枢，各种特征叠加在一起，经过综合，青蛙便能看到原来的完整图像。

知识角 ZHISHIJIAO

在科学发达的今天，国外已经投入使用一种人造卫星——“自反差跟踪系统”。这一系统就是模仿青蛙眼睛的工作原理制造出来的。

※ 人们根据青蛙的眼睛仿制了电子蛙眼。

发明电子蛙眼

就这样，科学家们根据蛙眼的视觉原理，借助于电子技术，制成了多种“电子蛙眼”。它可以像青蛙眼那样，准确无误地辨别出特定形状的物体。这种图像识别能力是雷达系统所需要的。雷达工作时，往往受到各种干扰，使显示屏上的影像看不清楚。依据蛙眼分别抽取图像特征的工作原理而改进的雷达系统，能够在显示屏上清晰地从强背景噪声中区分出目标来，从而提高了雷达的抗干扰能力。

真假易辨

现代战争中，己方为了迷惑对方常常会发射信号来扰乱其视线。战场上飞机、坦克、舰艇发射的真假导弹都处于快速运动之中，要克敌制胜，必须及时地把真假导弹区别开来。电子蛙眼和雷达相配合，就可以像蛙眼一样，敏锐迅速地识别出具有特定形状的飞机、舰船、导弹等，特别是能够根据导弹的飞行特性，将真假导弹区分开来，去截击真正的导弹。电子蛙眼还可以有效地把预定要搜索的目标与其他物体区分开，特别是把目标与背景区分开来，从而大大提高作战和防御的能力。

机场上的“报告员”

电子蛙眼除了应用在军事上，也可以应用在民用上。大型民用航空机场上，几分钟就有一架飞机起飞或者降落，如果用人眼观察，很容易疲劳，因而也就容易出差错，甚至造成事故。现在人们在机场上装了电子蛙眼，只要事先“告诉”电子蛙眼几种飞机的形状，也就是设计时让它对这几种特定的机型有反应，这些飞机降落或者起飞，它马上就会“报告”。如果飞机将要发生碰撞事故，它立即会发出警报。

※ 电子蛙眼在机场上成了最有用的“报告员”，它能够及时地反映飞机遇到的各种状况。

水母和风暴预测 >>>

水母是一种古老的海洋腔肠动物，它们透明而巨大的身体常常闪耀着光芒，非常美丽。而当生活在沿海的水母成群结队游向大海时，便预示风暴即将来临。这种低级生物怎么能预测风暴呢？科学家经过反复研究，终于揭开了这个秘密。

巨大的触手

早在5亿年前，水母就已经出现在地球上了。漂浮的水母，看上去很像是一把撑开来的伞。这个伞状体的直径有大有小。普通水母的伞状体不很大，只有20～30厘米长，而大水母的伞状体直径可达2米。从伞状体边缘长出一些须状条带，这种条带叫触手，触手有的可长达20～30米，相当于一头鲸的长度。在水母的触手上有一个细柄，上面长有小球，它就是水母的耳朵。在水母耳朵的内部，有一个极小的听石，正是这个小小的听石，使水母能够预知风暴的来临。

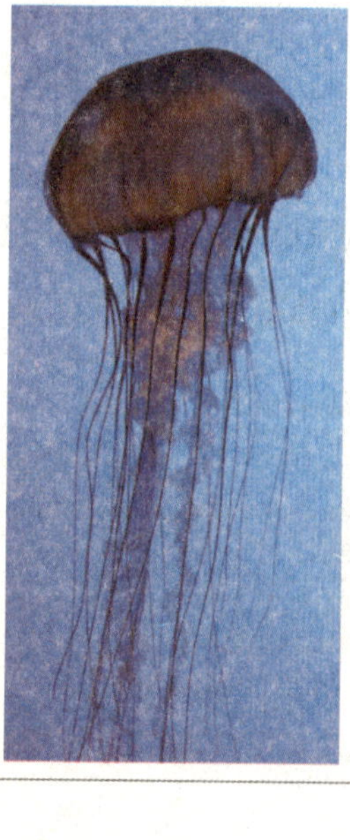

✳ 水母有许多条触手，触手的长度可达30米。

神奇的耳朵

在蓝色的海洋上，当风暴形成时，空气与海浪摩擦会产生的次声波，次声波的频率为每秒8～13次，但人耳对频率低于每秒20次的声音听不见，而水母耳朵中的听石却能受到次声波的震动，听石再次把次声波的振动传给水母耳壁内的神经感受器，水母就能听到风暴声。由于次声波的传播速度要比风暴和波浪快得多，所以，水母能提前收到风暴的“预告”，迅速游离岸边，去寻找安全之地，使自己免受风浪的袭击。人们受到水母接收次声波的启示，科学家们成功地设计和制成了“水母耳风暴预测仪”，使人们能够提前知道行将到来的风暴，并做好了相应的准备。

“水母耳风暴预测仪”

“水母耳风暴预测仪”由接受次声波的喇叭、共振器和把这种振动变为电脉冲的电压变换器以及指示器等组成。将这种仪器安装在舰船的前甲板上，喇叭会向四面八方旋转，一旦接收到次声波，旋转便自动停止。这时喇叭所指示的方向就是风暴即将来临的方向，指示器上的读数即可告知风暴的强度。这种预测仪能提前15小时对风暴作出预报，对航海和渔业的安全都有重要意义。

僧帽水母的气囊

有一种僧帽水母，就能预知风暴。它有个浮囊，下面垂着一条条长触手。囊内有种特别的腺，可以发出一氧化碳，使它膨胀。正是在这种气囊的帮助下，能升高，会降低，使水母漂游到有食物的地方，或者远离敌害。当它遭遇危险时，会自动将气放掉，沉入水底；风暴将临，它也能够迅速远离海岸。僧帽水母主要分布在太平洋和大西洋。

※ 根据僧帽水母科学家仿制了水母探测器

※ 水母家族中的僧帽水母分布于全世界温暖的海洋中，它的浮囊可以预知风暴的来临。

水母的运动

水母试图在水中下沉时，触手伸展且向上，呈长线状；想要上升或向某一方向运动时，触手远端逆运动方向弯曲。水母借助触手，有效地改变运动方向。另外，一些水母伞体顶部有气囊，这些水母控制各个气囊里的充气量，还能改变水母的运动方向。水母并不擅长游泳，它们常常要借助风、浪和水流来移动。

知识角 ZHISHIJIAO

水母可分为3个主要的部分：一是圆形的伞体，其以一缩一放来进行游动；二是触手，用来控制运动方向，捕捉及麻痹猎物；第三部分包括生殖器，消化系统，平衡囊等。

蛋壳与建筑结构 >>>

蛋壳对我们来说，非常熟悉，它似乎没有多大的用处。然而在建筑师的眼中，它却是一个宝贝。因为蛋壳特殊的结构给了他们很大的启示。如我国古代的石拱桥、现在北京的国家大剧院等许多建筑都有蛋壳的影子。

有趣的实验

或许我们都有这样的体验，当我们用整只手将鸡蛋握在手心，即使用很大的力气，也很难将它压碎。有人还对鸡蛋做过受压试验：取两只蛋壳，一只凸面向上，一只凹面向上，用两枝削得不太尖的铅笔，从10厘米高处向蛋壳落去。可以看到，铅笔与凸面向上的蛋壳撞击了一下，蛋壳并未被击碎，而凹面向上的蛋壳却被击破了。这说明蛋壳凸面向上的可以承受的力比凹面向上的可以承受的力大得多。

知识角 ZHISHIJIAO

组成鸡蛋蛋壳的方解石晶体之间有许许多多的小孔，这些蛋孔可以让空气和湿气能够通过，而空气和湿度对于雏鸡的生存来说是必不可少的。

※ 我们生活中常见的鸡蛋，却有着惊人的承受力。

蛋壳的秘密

蛋壳的94%是由碳酸钙（以方解石晶体的形式）构成的，方解石晶体基本上是随意排列的，这种排列使蛋壳能够抗较大的压力，但承受拉力则相对较弱。这样，如果通过两个凸出的顶端，对蛋壳施加很大的力，那么鸡蛋抗压力就显得很强，这也是由它们的拱状结构的力学特性决定的，拱形结构使圆屋顶和拱形物能够承受巨大的重量。在这种状态下，压力沿拱状结构（也就是沿蛋壁）分布，而不会使结构断裂；而蛋壳又必须是易碎的，这样雏鸡只用微弱的力就能破壳而出。

古人的杰作

我们的祖先很早就发现了蛋壳的奥秘，并据此设计了凸面向上的石拱桥。当一座石拱桥受到向下的压力时，也同时受到两侧相邻石块的侧压力作用。由于石块的抗压强度很大，所以这个力能达到很大值。若石桥凹面向上，那么，当它受到向下的压力时，邻近的石块则产生拉力。由于石块的抗拉强度很低，所以凹面向上的石桥只能承受很小的力。这与蛋壳凸面向上不易击破，凹面向上不堪一击是同一个道理。

※ 石拱桥也与蛋壳有着千丝万缕的联系。

大自然的绝妙之作

蛋壳对于压力的承受力是惊人的。在我国的杂技佳作中，不仅有人踩鸡蛋的节目，更有提起两桶水踩蛋的精彩表演，这是巧妙地利用蛋壳承受压力能力的一个极好的例子。蛋不仅是整个生物界最大的单体细胞，以现代技术和工程系统知识的眼光来看，它还是一个集工程学、建筑学、防卫战略、保存能量和使空间利用达到最佳化与将其最完美结合于一身的大自然的绝妙之作。

巨蛋建筑

近几年来，建筑师又在蛋壳的启示下，设计了现代化的大型薄壳结构的建筑物。这种建筑物既坚固，又节省材料。我国北京火车站大厅房顶就是采用这种薄壳结构。屋顶又薄，跨度又大，整个大厅便显得格外宽敞明亮，舒适美观。还有著名的国家大剧院，被一泓碧水环绕着，其椭圆形的银色建筑看起来就像是一个蛋壳。世界上还有许多类似的外观为穹顶式的大型建筑，被人们称为“巨蛋”，如我国台北的小巨蛋、日本东京和大阪的巨蛋，英国千禧巨蛋等。

※ 在蛋壳的启示下，建筑师设计了许多现代化的大规模的薄壳建筑，上图是北京火车站的远景。

蜂巢与航天器结构>>>

蜜蜂以其非凡的智慧和辛勤的劳动构筑了无数形状优美的六边形蜂巢。早在公元4世纪的古希腊，数学家佩波斯就提出：蜂巢的优美形状是自然界最有效劳动的代表。受到蜂巢的启示，现代的航天器都采用蜂巢结构的材料制造。

航天器的难题

航天飞机、宇宙飞船、人造卫星等航天器，要进入太空持续飞行，就必须要求运载它们的火箭必须提供足够大的推力。因为运载火箭上带有推进剂、发动机等沉重的“包袱”，所以要想使太空飞行器飞得更高、更远，必须减轻其重量。科学家们为此绞尽脑汁，可要减轻飞行器重量，还要考虑不能减轻其容量与强度。科学家们尝试了许多办法都无济于事，最后，还是蜂巢的结构帮助科学家解决了这个难题。

※ 宇宙飞船模仿了蜂巢的结构减轻自己沉重的“包袱”。

※ 密密麻麻一个挨着一个的蜂巢，都是六角小蜂房组成的。

科学家的发现

众所周知，蜜蜂的巢都是由一些一个挨着一个，排列得整整齐齐的六角小蜂房组成的。18世纪初，法国学者马拉尔琪测量到蜂巢的几个角都有一定的规律：钝角等于109°28′，锐角等于70°32′，后来经过许多数学家先后多次的精确计算，得出如下结论：消耗最少的材料，制成最大的菱形容器，它的角度应该是109°28′和70°32′，和蜂房结构完全一致。

精巧的结构

但如果从正面观察蜂巢，蜂房是由一些正六边形组成的，既然如此，那每一个角都应是 120°，怎么会有 109°28′ 和 70°32′ 呢？结果人们得到了惊人的发现，每个小蜂房的底既不是平的，也不是圆的，而是尖的。这个底是由 3 个完全相同的菱形组成，这正符合人类精心计算的形状。更令人称绝的是，世界上所有蜜蜂的蜂巢都是按照这个统一的角度和模式建造的。

※“双子星”飞船模仿了蜂巢的结构以便隔音和隔热。

“蜂巢式航天器”

蜂巢的这种结构特点不正是太空飞行器结构所要求的吗？于是，在太空飞行器中采用了蜂巢结构。先用金属制造成蜂巢，然后再用两块金属板把它夹起来就成了蜂巢结构。这种蜂巢结构的飞行器容量大、强度高，重量轻，还有利于隔音和隔热。因此，现在的大型客机、宇宙飞船、人造卫星在内部都大量采用蜂巢结构，卫星的外壳也几乎全是蜂巢结构，因此，这些航天器又统称为“蜂巢式航天器”。

知识角 ZHISHIJIAO

一直以来，飞机、导弹、火箭、航天器的机体、机翼、舱壁、舱门、舷梯、仪器板、地板、隔层板、绝热板、橱柜、整流罩等大多是由蜂巢复合材料做成的。

蜂巢复合材料

此外，受蜂巢的启迪，人类创造性地发明了蜂巢复合材料，它是一种由上下两层薄板、中间夹六角型的蜂巢状芯材、用黏合剂黏结而成的轻质高强板材。其具有许多优越的性能，从力学角度分析，封闭的六边形蜂巢结构能以最少的材料获得最大的受力，而蜂巢结构板受垂直于板面的载荷时，它的弯曲刚度与同材料、同厚度的实心板相差无几，甚至更高，但其重量却轻了 70% ~ 90%，而且不易变形，不易开裂和断裂，并具有减震、隔音、隔热和极强的耐候性等优点。

※模仿蜂巢制造出的复合材料有减震、隔音、隔热等优点。

斑马和迷彩服>>>

在辽阔的非洲大草原上，斑马是最吸引人的动物之一。非洲国家的人们非常喜爱斑马，把它作为非洲的象征。斑马全身布满黑白相间的条纹，这些条纹是为适应生存环境而进化出来的保护色，人类根据斑马的这种保护色发明了作战用的迷彩服。

斑马家族

世界上的斑马共分为 3 种：山斑马、普通斑马和细纹斑马，其中，细纹斑马是最大的也是大家认为最漂亮的一种斑马。成年细纹斑马的肩高为 140 ~ 160 厘米，身上的条纹又细又多，腹部白色没有条纹，而背脊上有一条很宽的纵纹。斑马主要分布在苏丹南部、肯尼亚北部、埃塞俄比亚和索马里的平原树林地带，其中体形最小的是山斑马。

✳ 斑马是非洲草原上一道美丽的风景。

✳ 黑白相间的条纹是斑马的护身符。

识别的标记

斑马身上的条纹漂亮而雅致，是同类之间相互识别的主要标记之一，更重要的则是形成适应环境的保护色，作为保障其生存的一个重要防卫手段。在开阔的草原和沙漠地带，这种黑褐色与白色相间的条纹，在阳光或月光照射下，反射光线各不相同，起着模糊或分散其体型轮廓的作用，放眼望去，很难与周围环境分辨开来。这种不易暴露目标的保护作用，对动物本身是十分有利的。

防止叮咬

在非洲大陆，有一种可怕的昆虫——舌蝇。动物一旦被舌蝇叮咬，往往有致命的危险。这种昆虫是传播睡眠病的媒介，它们经常叮咬角马、羚羊和其他单色动物，却很少威胁斑马的生活。科学家通过研究发现，斑马之所以能够成功地躲过舌蝇的叮咬，是因为舌蝇只会被同一颜色的大块面积所吸引，而斑马身上的黑白条纹则可以分散和削弱舌蝇的注意力，使其对斑马视而不见。

知识角 ZHISHIJIAO

1935 年，德国正式制作出世界上第一套迷彩军服。后来，各国对迷彩的研究工作就一直没有停止过。至今，国内外已研究成功应用的迷彩图案已达 350 种。

适者生存

斑马的奔跑速度很快，黑白条纹的皮肤可以帮助它巧妙地隐身，因此常常能躲过狮子等猛兽的追杀。斑马的这种保护色是长期适应环境和自然选择而逐渐形成的，因为历史上也曾出现过一些条纹不明显的斑马，由于目标明显，所以易于暴露在天敌的面前，遭到捕杀，最后灭绝，在漫长的生物进化过程中逐渐被淘汰了。只有那些条纹分明、十分显眼的种类尚能生存到现在。

发明迷彩技术

人类从斑马的黑白条纹中得到了启示，发明了迷彩技术，不仅有作战用的迷彩服，还有各种装备，如军车、坦克、飞机、大炮等的罩衣和野营帐篷、遮障等，甚至给军舰都涂上了迷彩，以此来模糊对方的视线，达到隐蔽自己、迷惑敌人的目的。1914 年，法国炮兵首次用画有迷彩图案的帆布单覆盖在大炮上，这就是迷彩最原始的应用。英军根据法军的经验，开始将变形迷彩应用于飞机和舰船上。第一次世界大战后，德国、法国、英国、美国、俄国、意大利等许多国家开始将迷彩军服应用于单兵。

军人们的迷彩服就是在斑马条纹的启示下诞生的。

箭鱼与超音速飞机>>>

箭鱼是海洋中游泳速度最快的鱼类之一，它之所以有如此出众的游泳本领，与其流线型的身体形状有关，尤其是它那长长尖尖的嘴巴像一柄锋利的宝剑，能够避水开路。这些都给了飞机设计师们有益的启示。

出众的身体结构

※ 箭鱼是海洋中的游泳健将，它的名字就是形容其游泳速度非常快，犹如离弦之箭。

箭鱼的体重有 900 千克，身长可达 3 米，呈典型的流线型，非常漂亮，而它那长长尖尖的嘴巴，上、下扁平，中间厚两边薄，像一柄锋利的宝剑，所以人们又叫其剑鱼。就是这个像“针”一样的嘴巴，在箭鱼飞速前进时，能够起到劈波斩浪的作用。而且箭鱼的身体表面异常光滑，像覆盖着一层温滑的黏液，能够减小水的摩擦力。它的背上长有巨大的尾柄，像一面锋利而结实的钢板，强壮有力，当它穿行于水中，尾柄便会产生巨大的推动力。

※ 箭鱼的性情凶猛，捕食能力极强。

有力武器

箭鱼一般在水表层洄游，有时露出背鳍，其性情凶猛，捕食能力强，长长的嘴巴是它攻击和捕食的主要武器。捕食时，它猛力地冲击鱼群，用“宝剑”刺杀，然后吞食。箭鱼虽凶猛，但怕惊，常常避开其他大型的鱼类，不过一旦被激怒，也向大型鱼类或船只猛烈冲去，用它的“利剑”快速地横冲直撞，撞着者不死即伤，然后被它慢慢吞食掉，它飞出海面的爆发力极强，经常冲出海面，以剑状上颌攻击大型鲸类和鱼类。

攻击船舶

据说，第二次世界大战期间，英国油船“巴尔巴拉”号在大西洋上航行。船员们忽然看到远处一个细长的黑东西，飞快地向油船扑来。顷刻间，发出震耳的响声。接着，海水从一个大窟窿里涌进了船舱。油船是遭到了鱼雷的袭击吗？不是，而是碰上了箭鱼的进攻。这条箭鱼用它那上颌突出的锐利的“剑”穿透了船舷。当它拔出“长剑”后，又接连扎穿了两个地方。最后，箭鱼无力拔出自己的“长剑”，乖乖地当了俘虏。

※ 人类模仿箭鱼独特的身体结构，制造出了超音速飞机。

知识角 ZHISHIJIAO

在英国的博物馆里，有一些奇特的陈列品。其中，一艘捕鲸船的 34 厘米厚的木板中间，就嵌着一根长 30 厘米，圆周 12.7 厘米的箭鱼的“长剑”。

“长针”的启示

箭鱼长针似的上颌曾给予超音速飞机设计师们有益的启示。原先，飞机设计师们绞尽脑汁想设计出超音速飞机，但一直未能成功。后来，他们观察箭鱼游泳时产生了设计灵感，便模仿箭鱼的长颌，给飞机头部前方安装了一根“长针”，这根“长针”可刺破高速飞行时所产生的“音障”，从而解决了长期存在的难题，结果超音速飞机就诞生了。

超音速飞行

超音速飞机是指飞机速度能超过音速的飞机，音速的单位叫马赫（M），1 倍音速叫 1 马赫，2 倍就叫 2 马赫。1947 年 10 月 14 日，空军上尉查尔斯·耶格驾驶 X—1 在 12 800 米的高空飞行速度达到每小时 1 078 千米，为 1.1 马赫，人类首次突破了音障。目前，人类的超音速飞行速度纪录已达到 10 马赫。

※ 超音速飞机尖尖的机头得益于箭鱼的启示。

乌贼与烟雾弹>>>

海洋里的生物各种各样，无奇不有。而且每种生物都有独特的技能，让人叹为观止。例如乌贼，当它遇到危险时，身体会喷出“墨汁”来，将周围的海水染黑，掩护自己逃生，军事科学家即根据乌贼这种特殊的本领发明了烟雾弹。

乌贼的墨囊

乌贼也称墨鱼、墨斗鱼，属于头足类软体动物，与章鱼和枪乌贼近缘。乌贼体内长有墨囊，里面储满了浓黑的墨汁。每当突遇强敌无法逃脱时，一瞬间乌贼体内压力陡升，然后一“击发”便立刻喷出一股浓墨。有趣的是，乌贼布设的黑色烟幕其形状轮廓和自己的体形极为相似。黑色烟幕的突然出现，海水立即被搅成一团漆黑，烟幕可保持10多分钟。不论是多么勇猛的敌害见此状况，也会弄得莫名其妙，不知所措。此时，乌贼可乘机逃离危险。而且它喷出的这种墨汁还含有毒素，可以用来麻痹敌害，使敌害无法再去追赶它。

※ 乌贼也是墨鱼的一种，它体内有墨囊，可以用来保护自己。

启迪人类智慧

乌贼喷射黑色墨汁在明亮的浅水海域有御敌作用，同时，它也时常潜入数百米或上千米的深海活动。深海一片漆黑，伸手不见五指。生活在深海的乌贼，经过体内机能的调整，喷射出来的不是黑色墨汁，而是会发光的细菌。这种细菌一接触海水，马上形成晶莹发光的烟雾，使来犯者眼花缭乱。乌贼用的这种特殊的杀手锏，启迪了人类的智慧。在现代海战中，交战双方为了掩护己方舰船的进攻或撤退，就经常施放烟雾弹。

烟雾弹

烟雾弹由引信、弹壳、发烟剂和炸药管组成。烟雾弹制造烟雾主要靠它的发烟剂，一般都用黄磷、四氯化锡或三氧化硫等物质。当烟雾弹被发射到目标区域，引信引爆炸药管里的炸药，弹壳体炸开，将发烟剂的黄磷抛散到空气中，黄磷一遇到空气，就会立刻自行燃烧，不断地生出滚滚的浓烟雾来。多弹齐发，就会构成一道道“烟墙”，挡住敌人的视线，给自己军队创造有利的战机。

※ 乌贼喷射的黑色墨汁，在明亮的浅水海域有御敌的作用。

达到真的“隐身”

化学中的“烟”是由固体颗粒组成，“雾”是由小液滴组成，烟雾弹的原理就是通过化学反应在空气中制造大范围的化学烟雾。在第一次世界大战期间，英国海军就曾用飞机向自己的军舰投放烟雾弹，从而巧妙的隐藏了军舰，避免了敌机轰炸。现代有些新式军用坦克所用的烟雾弹不仅可以隐蔽物理外形，而且烟雾还有躲避红外激光、微波的功能，达到真的“隐身”。

知识角 ZHISHIJIAO

全世界约有 100 种乌贼，它们生活在热带和温带沿岸浅水中，冬季常迁至较深海。它们游泳快速，主要以甲壳类为食，也捕食鱼类及其他软体动物。

“气幕弹”

除烟雾弹外，军事科学家们还研制成了用于水下迷惑敌群、保护自己逃离险境的“气幕弹”。“气幕弹”用爆炸的方法，将化学物质或其他物质在瞬间扩散开来，使水中产生大量不溶于水的气泡，漂浮在一定范围的海域内，形成了大量的“气泡幕”。“气泡幕”反射能力极强，即使主动式声呐也会被它干扰得无法辨别真假目标，从而使鱼雷丧失捕捉目标的能力。

※ 来源于乌贼灵感的烟雾弹

从萤火虫到人工冷光>>>

在夏天夜晚的郊外，我们经常能看到点点流动的淡黄色或淡绿色的闪光，它们就是萤火虫。由于萤火虫发出的光不产生热，所以被称为“冷光”，这种光很温和，非常适合人类的眼睛。科学家据此研制出了人工冷光，这是一种十分理想的光源。

会发光的生物

在自然界中，有许多生物都能发光，如细菌、真菌、蠕虫、软体动物、甲壳动物、昆虫和鱼类等，而且这些动物发出的光都是“冷光”。萤火虫是我们最常见的一种发光动物，约有 2 000 种，它们发出的冷光的颜色有黄绿色、橙色，光的亮度也不相同。萤火虫发出冷光，不仅具有很高的发光效率，而且发出的冷光很柔和，光的强度也比较高。因此，生物光是一种人类理想的光。

※ 萤火虫是众多发光动物中最常见的一种。

※ 荧光虫的发光器位于腹部。

发光的秘密

后来，科学家经过反复研究，发现萤火虫的发光器位于腹部，这个发光器由发光层，透明层和反射层 3 部分组成。发光层拥有千万个发光细胞，它们都有含有荧光素和荧光酶。在荧光酶的作用下，荧光素在细胞内水分的参与下氧化便发出荧光。荧光酶每次发光后，因失去能量而“熄灭”，此时萤火虫体内的一种高能化合物——三磷酸腺苷（ATP）便使荧光素重新产生，继续发光。萤火虫的发光，实质是把化学能转变成光能的过程。

冷光的优点

与人工光源相比，生物发光有着许多优点。电光源在发光过程中，灯丝一般要烧到 3 000℃的高温，90%以上的电能变成热能浪费掉了，因此叫“热光”。如普通的电灯泡的发光效率不到 10%，荧光灯也不过 25%；而生物发出的是一种不放出热量的“冷光”，发光效率几乎是 100%，可将化学能全部转变成光能。

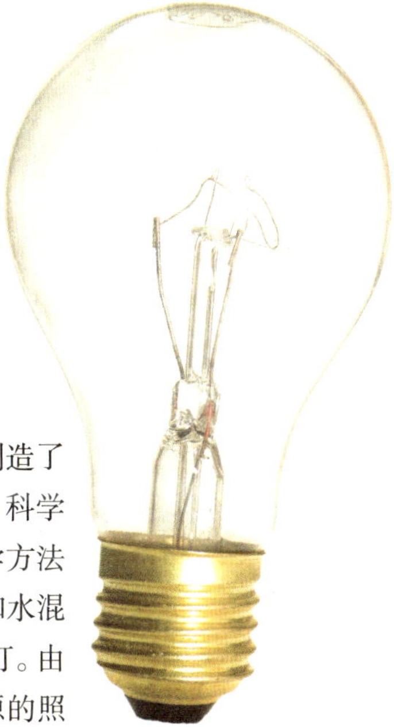

※ 我们常见的灯丝的发光效率很低。

人工冷光

早在 20 世纪 40 年代，人们根据对萤火虫的研究，创造了日光灯，使人类的照明光源发生了很大的变化。近年来，科学家从萤火虫的发光器中提取了纯荧光素和荧光酶，用化学方法合成了荧光素。由荧光素、荧光酶、ATP（三磷酸腺苷）和水混合而成的生物光源，可在充满爆炸性瓦斯的矿井中当闪光灯。由于这种光没有电源，不会产生磁场，因此可以在生物光源的照明下，做清除磁性水雷等工作。现在，人们已能用掺和某些化学物质的方法得到类似生物光的冷光，作为安全照明用。

知识角 ZHISHIJIAO

萤火虫喜欢生活在潮湿，多水，杂草丛生的地方。特别是溪水，河流两岸。我国曾有一句古语叫“腐草生萤”，反映的就是这种习性。大多数的萤火虫都会有发光的本领。

海火奇观

在自然界除了萤火虫外，会发光的生物很多。动物界大约有 1/3 会发光生物，海洋中会发光的细菌已知有 70 余种。热带和温带海面上出现的“海火”奇观，就是无数发光细菌聚集在一起放出的光所致。当然，夜光虫更是“海火”的生成者。在某些深海水域，几乎 95%的鱼类都会发光。

※ 与我们常见的白炽灯相比，人工冷光具有更加广阔的发展前途。

苍蝇与现代科技>>>

说起苍蝇，人们都很厌恶。凡是腥臭污秽的地方，都有它们的踪迹。苍蝇不仅脏，而且还会传播细菌和病毒，虽然十分令人讨厌，但它却极具研究价值，对启发人们去发展现代科学技术有重要意义。

灵敏的嗅觉

苍蝇的嗅觉特别灵敏，远在几千米外的气味也能嗅到。但是苍蝇并没有“鼻子”，而是靠分布在一对触角上的嗅觉感受器。每个感受器只有一个“鼻孔”与外界相通，内含上百个嗅觉神经细胞。若有气味进入“鼻孔”，这些神经立即把气味刺激转变成神经电脉冲，送往大脑。大脑根据不同气味物质所产生的神经电脉冲的不同，便可区别出不同气味的物质。因此，苍蝇的触角像是一台灵敏的气体分析仪。

✳ 令人讨厌的苍蝇有着灵敏的嗅觉。

✳ 气体分析仪在宇宙飞船中发挥着极其重要的作用。

气体分析仪

以前，由于宇宙飞船中有不名气体，所以在飞船进入太空时会发生爆炸，导致人员伤亡，造成经济损失，也会给科学家带来很大的心理压力。自从人类发现了苍蝇嗅觉器的结构和功能后得到了很大启发，仿制成功一种十分奇特的小型气体分析仪。这种仪器的“探头”不是金属，而是活的苍蝇。就是把非常纤细的微电极插到苍蝇的嗅觉神经上，将引导出来的神经电信号经电子线路放大后，送到分析器。分析器一经发现气味物质的信号，便能发出警报。这种仪器已经被安装在宇宙飞船的座舱里，用来检测舱内气体的成分。这种小型气体分析仪，也可测量潜水艇和矿井里的有害气体。

导航本领

苍蝇的导航本领很高明，它有一对楫翅，是天然导航仪。苍蝇飞行时，楫翅以每秒 330 次的频率不停地振动，使苍蝇保持航向，一旦苍蝇的身体倾斜，俯仰可偏离航向，楫翅振动平面的变化便被它基部的感受器所感觉，并向大脑报告，经过分析后，大脑就命令有关的肌肉把偏离的航向纠正过来。根据苍蝇楫翅的导航原理，科学家们成功仿制了一种振动陀螺仪，并将其安装在飞机、火箭等飞行器和船舶上，一旦这些物体偏离航向，振动陀螺仪就能将其纠正过来。

✳ 苍蝇有着高超的导航本领。

"蝇眼"照相机

苍蝇不仅能耳听八方，而且眼观六路。它的两只眼睛由无数小眼睛组成，使它们能看到最细小的东西。苍蝇不仅能看到物体的色彩，还能分辨出形状。人们根据苍蝇复眼的构造，仿制了"蝇眼"照相机，其镜头由 1 329 块小透镜黏合而成，每厘米的分辨率达到 400 条线，这种照相机被用来复制计算机的显微电路。另外，人们还仿制出了测量运动物体速度的光学测速仪。

✳ 在航海领域，模仿苍蝇的导航本领制造的陀螺仪可以矫正航船的航向。

"紫外眼"

苍蝇的眼睛能看见紫外线，但人和其他热敏元件却看不见紫外线。所以，人们又仿制了"紫外眼"，这种"紫外眼"在国防上有重要作用。因为没有眼皮，苍蝇不停地用爪子擦眼睛以保持清洁。

知识角 ZHISHIJIAO

科学家发现，苍蝇发现威胁后的反应时间仅为100毫秒。它可以计算出苍蝇拍的潜在逼近位置，能立刻做出"逃生计划"，然后逃离"危险地带"。

蝴蝶鳞片和温控系统>>>

在昆虫王国中，蝴蝶以其优美的体形，斑斓的色彩，轻盈的舞姿而格外引人注目。它们个体虽小，翅薄力单，却能飞渡重洋。蝴蝶强大的飞翔能力与其发达的翅膀是分不开的，而其翅膀上的鳞片更是带给人类极大启示，是人类发明太阳能帆板的源泉。

蝴蝶的“彩衣”

在显微镜下，我们可以看到蝴蝶翅膀的上下两面，有一片一片的，像鱼鳞一样，密密麻麻排列的鳞片，这些不同颜色的鳞片组合在一起，为蝴蝶织成了鲜艳的“彩衣”，可以迷惑敌人，躲避敌人的攻击。不过，蝴蝶的鳞片还有一个更重要的作用，那就是吸收和散发热量，维持体温，也就是说，鳞片是蝴蝶的热转换器。

知识角 ZHISHIJIAO

蝴蝶的翅膀上长着各种鳞片，不仅能调节蝴蝶体温，而且这些鳞片含有油性脂肪，具有防水的作用，因此有时在雨天也能看到翩翩起舞的蝴蝶。

✳ 蝴蝶的彩衣既能迷惑敌人，又能吸收和散发热量。

自动控温

当阳光直射，气温升高时，蝴蝶身体表面的鳞片会自动张开，以减小太阳光照射的角度，对太阳光能量的吸收随之减少；当外界气温下降的时候，这些鳞片又会自动地闭合，紧贴住蝴蝶的体表，让太阳光直射在鳞片上，从而使蝴蝶能够吸收更多的太阳光能量。这样，蝴蝶便可以在外界空气有较大变化的条件下，仍然使自己的体温控制在一个正常的范围之内。

航天学家的烦恼

人造地球卫星在太空中遨游，它和太阳、地球的相对位置每时每刻都在发生着变化。比如一颗离地球 300 千米左右的轨道上运行的人造卫星，大约在 65% ~ 70% 的时间内，它所处的轨道位置可以受到太阳光的强烈照射，以致使卫星的温度会高达 200℃；在其余的时间内，卫星将在地球的阴影区内运动，由于没有太阳光的照射，卫星的温度有可能下降到了零下 200℃。这很容易损坏卫星上的精密仪器仪表，这一度曾使航天科学家伤透了脑筋。

✳ 美丽的蝴蝶为人类的航天事业做出了巨大的贡献。

鳞片的启示

后来，人们从蝴蝶身上受到启示，发明了一种温控系统，来控制卫星的温度。这种控温系统外形很像百叶窗，每扇叶片的两个表面的辐射散热能力不同，一个很大，而另一个却非常小。百叶窗的转动部位装有一种对温度很敏感、热胀冷缩性能特别明显的金属丝。当卫星温度急剧升高的时候，金属丝迅速膨胀，立即使叶片张开，辐射散热能力大的表面朝向太空，帮助卫星散热降低温度；当卫星温度突然下降的时候，金属丝会马上冷缩，并使每扇叶片闭合，让辐射散热能力小的表面暴露在太空，抑制卫星的散热，起到控温的作用。

✳ 航天器表面散热。

散热装置

在显微镜下，我们还可以观察到，蝴蝶翅膀的鳞片是由 100 微米长的扁平囊状物组成的。囊状物由无数对称的角质层构成，角质层是生物的体外骨骼，其表面并不光洁。阳光照射在蝴蝶翅膀上后，会受到了角质层的反射作用，这就是为什么人们看到的蝴蝶翅膀总是闪闪发亮的缘由。因此，研究人员希望通过模拟蝴蝶翅膀的结构和功能，尽快研制出可以使电脑芯片持续均匀散热的装置。

蜜蜂与偏振光导航>>>

当飞机进入地球的两极上空时，由于极地地区磁极的作用，磁罗盘就失去了往日精确指示航向偏差的作用。这时，想要确定航向，必须改用其他办法，这就是偏振光罗盘。偏振光罗盘是人类在蜜蜂的启示下发明的。

偏振光

偏振光是只在某一个方向振动，或主要在某一个方向振动的光。太阳光本身并不是偏振光，而是光振动均匀地分布在各个方向上的自然光。当它穿过大气层时，受到大气分子或尘埃颗粒的散射，才变成了偏振光。所以在阴天里，太阳光通过云层散射后就成为偏振光。天空中任何一点的偏振光都垂直于由太阳、观察者和该点所决定的平面。所以，根据天空中的偏振光就可以推测出太阳的位置。

※ 勤劳的蜜蜂

※ 聪明的蜜蜂根据太阳的位置能找到蜜源。

聪明的蜜蜂

每当百花盛开时，蜜蜂会飞出蜂巢寻找蜜源。在它们找到蜜源以后，总要先观察一下太阳的位置，然后飞回巢中，在工蜂们面前跳起与太阳位置有关的舞蹈。当蜜源在蜂巢与太阳的连线上时，它跳起 8 字形舞，当蜜源与蜂巢和太阳的连线形成一定角度时，蜜蜂的舞蹈中的直跑方向也偏离相应的角度，当蜜源在蜂巢和太阳连线的延长线上时，它也跳起了 8 字形舞，但双环连弧是向下的。这样，蜜蜂风雨无阻的导航之谜就揭开了。

蜜蜂的“罗盘”

每当晴天时，蜜蜂依据太阳来确定方向；而阴天见不到太阳时它就利用持有的“偏光罗盘”来确定太阳的位置。蜜蜂的“偏光罗盘”是在眼睛里。它的复眼由 66 000 多个小眼组成，每个小眼有 8 个感光细胞排列成辐射状。这些小眼能感觉偏振光，6 000 多个“检振片”就形成了蜜蜂精巧的偏光罗盘。

※ 沙漠蚁就是用偏振光定向的能手。

沙漠蚁的本领

沙漠蚁也是利用偏振光定向的能手。为了寻找食物，沙漠蚁离开洞穴后常常到处转来转去，但一旦获得食物，它就能笔直地返回巢穴。如果在它回巢穴的路上，让沙漠蚁通过各种颜色的滤光片来观察天空，那么波长为 0.41 微米的紫外天空光会使得蚂蚁东跑西窜，迷失方向；如果使天空光去掉偏振，蚂蚁也会迷途难返，这说明沙漠蚁正是利用偏振紫外光来辨认方向的。

偏振光天文罗盘

在自然界中，除了蜜蜂、沙漠蚁外，甲虫、水蚤等动物都能看到偏振光，并利用偏振光来导航。但是，人类的眼睛是觉察不到偏振光的，只有借助校偏振器才能观察到。利用蜜蜂和蚂蚁的偏光导向原理，人们制成了偏振光天文罗盘。这样，即使在阴雨天气，飞机或船舶也能够根据太阳的方位自动地测定航向。就是到了南北极附近的高纬度地区，飞行员或船长也就不用担心磁罗盘失灵的危险了。

知识角 ZHISHIJIAO

在阳光充足的白天驾驶汽车，从周围建筑物的玻璃上反射过来的耀眼的阳光常会使人的眼睛睁不开。此时，只须带一副偏光太阳镜便可挡住部分散射光。

※ 偏振光有着非常强的导向作用，可以指引方向。

气步甲与化学武器>>>

在战场上，战争双方往往会把一种化学弹药或毒剂，用步枪、火炮或飞机等，将有毒物质施放到空间或地面，以扰乱对方。这种武器就是人们常说的化学武器，它具有大规模的杀伤性和毒害作用。它的发明和一种名叫气步甲的甲虫有很大的关系。

气步甲的“炮弹”

※ 气步甲虫靠自己的“炮弹”来自卫。

气步甲是一种生长在南美洲哥伦比亚森林里的甲虫，长 1 厘米左右。当它遇到敌害被迫自卫时，能喷射出一股股液体“炮弹”。喷出时不仅有恶臭味，而且伴有轻轻的射击声音，以迷惑、刺激和惊吓敌害。如果这种液体溅落到人的皮肤上，会产生明显的灼热感。据观察，气步甲能一口气连放“炮弹”，还能分别向 4 个方向射击。一只气步甲如果几天内没有发射过“炮弹”，那么它可以在 4 分钟内连发 29 个“炮弹”。

“炮弹”的形成

科学家对气步甲进行解剖分析后发现，这种小甲虫肚子里有一个能进行化学反应的反应室。反应室的一端通向肛门，另一端有两个管道，分别通向体内的两个腺体。这两个腺体一个生产对苯二酚，另一个生产过氧化氢。平时这两种化学物质分别储存，不会相互接触。一旦遇到敌害，气步甲便猛地收缩肌肉，把这两种物质压入前面的反应室。在反应室里，过氧化氨酶使过氧化氢分解，放出氧分子；在过氧化物酶的作用下，对苯二酚被氧化成醌，反应放出大量的热，在气体压力下喷射出来的醌水化合物达到了沸点，就发生了爆炸声并形成一团烟雾，从而吓退前来威胁的各种敌人。

知识角 ZHISHIJIAO

化学武器大规模使用始于第一次世界大战期间。使用的毒剂有氯气、光气、氯化苦、二苯氯胂、氢氰酸、芥子气等多达 40 余种，毒剂用量达 12 万吨。

新型发动机

在第二次世界大战期间，德国制造出一种新型发动机，这种发动机功率极大，而且安全、可靠，被安装在德国的飞航式导弹上。这种导弹具有飞行速度快、安全稳定、命中率高等特点，在轰炸英国首都伦敦时起到了很大的作用。这种新型发动机是德国科学家认真研究了气步甲的喷射过程和制放机理后制造出来的。

※ 气步甲肚子里有一个能进行化学反应的反应室，在反应室发生的的化学现象就会恐吓到敌人。

美国人的发明

普通的化学毒剂装在炮弹内不仅腐蚀弹体，且自身也会变质，因此平时大量储存这种毒剂弹是相当危险的。为了解决这一难题，各国的科学家先后进行了大量的研究与试验，但均无满意结果。美国军事化学专家偶然发现到生物学家研究的气步甲虫喷液机理，大受启发。他们很快成功地解决了当时这一世界性的科研难题，制造出最先进的二元化学武器。

※ 模仿气步甲生产出来的导弹

二元化学武器

二元化学武器将两种或多种能产生毒剂的化学物质（毒剂中间体）分别装在隔开的容器里，炮弹发射后，容器隔膜破裂，使两种毒剂中间体在炸弹飞行的 8 ~ 10 秒钟里迅速混合而起化学反应，在触到目标的瞬间生成致命的毒剂以杀伤敌人。由于毒剂中间体安全无毒，且不会变质失效，所以不必为生产它建立专门的化工厂，只须在普通民用化工厂生产，便可满足战时需要。由于储存和运输都很安全，所以能够快速、稳妥地供应前线。

电鳐与伏打电池>>>

在蔚蓝的大海里生活着一种会发电的鱼——电鳐，它的发电器是由鳃部肌肉变异而来的。电鳐的特殊本领早在古希腊和古罗马时期就引起了人们的注意。到19世纪时，意大利物理学家伏打以电鳐的发电器官为模型，设计出最早的伏打电池。

电鳐

电鳐是沿海常见的一种软骨鱼类，一般个体较小，身长为30 ~ 40厘米左右，有的种类可长达2米，重为100千克，广泛分布于热带、温带海域，属于底栖鱼类，体盘厚而柔软，多呈椭圆形或团扇形。电鳐的嘴巴较小，牙齿细小而尖。它觅食时的绝招是游进鱼虾中频频放电，待对方麻晕不能游动时再吞食。电鳐能放出80伏的电压，最高可达200伏。它每秒钟能放电50次，但连续放电后，电流逐渐减弱，10 ~ 15秒钟后完全消失，休息一会儿后又能重新恢复放电能力。

※ 电鳐是沿海常见的软骨鱼类。

水中"发电机"

其实，放电的本能并不只是电鳐才有。目前已发现有500多种鱼，其体内都装有"发电机"，能够发出电流，一只最大的电鳐，每秒钟能放电150次，有时放出的电压高达220伏。非洲电鲶每条能产生350伏的电压，可以击死小鱼，还能将渔民击昏。南美洲的电鳗更是电鱼中发电功率最高的一种，每一条能发出高达800多伏的电。有人计算过，1万只电鳗同时放的电，可供电车走几分钟。

※ 电鳐放电是因为它体内拥有发电器官。

放电的原因

电鱼之所以能放电，是因为它们身体内部有一种奇特的放电器官，可以在身体外面产生很高的电压。这种器官，有的起源于鳃肌或尾肌，有的起源于眼肌和腺体。各种鱼放电器官的位置、形状都不一样。电鳗的放电器官分布在尾部脊椎两侧的肌肉中，呈长菱形，电鳐的放电器官则排列在头胸部和腹部两侧，样子像两个扁平的肾脏，由许多蜂窝状的细胞组成，这些细胞排列成六角柱形，叫做“电板”。

电鳐治病

电鳐的特殊本领早就引起人们的注意。早在古希腊和古罗马时代，人们就利用电鳐的放电能力来医治疾病，医生们常常把病人放到电鳐身上，或者让病人去碰一下正在池中放电的电鳐，利用电鳐放电来治疗风湿症和癫狂症等病。就是到了今天，在法国和意大利沿海，还可能看到一些患有风湿病的老年人，正在退潮后的海滩上寻找电鳐当作自己的“医生”。

知识角 ZHISHIJIAO

电鳐的两个放电器官中，总共有 2 000 个电板柱，约 200 万块“电板”。单个“电板”产生的电压很微弱，但由于“电板”很多，所以产生的电压就很可观了。

伏打电池

世界上最早最简单的电池——伏打电池，就是 19 世纪意大利物理学家伏打根据电鳐的天然器官原理设计的，所以又叫“人造电奇观”。伏打电池是世界上第一个直流电源。近年来，人们仿照放电鱼的发电器官，制造出了“电子手”“电子腿”等。

※ 伏打电池就是模仿了电鳐的自身发电特性。

鸟类与飞机>>>

自然界中的鸟类早在一亿多年以前就飞上了高空,并在亿万年的演化过程中,形成了许多适于飞翔的形态结构。而人类追逐飞行梦想的脚步也一直没有停止过。如今,人类制造的各种飞机都已经飞上了蓝天。

※ 翱翔在天空中的鸟儿身体结构特殊,其大致呈纺锤形。

鸟类的身体结构

从鸟的外形上看，最明显的是它们的体型，翼和尾的构造。鸟的身体是纺锤形的，它全身的羽毛都向后方，在飞行时可以减少空气的阻力。鸟的前翅进化为翼。翼上的羽毛有所不同，最大最硬的飞羽直接着生在翼骨上，并有秩序地整齐排列，使飞羽强大有力可推动气流。尤其是最外侧的初级飞羽，如果受损时，鸟就无法飞翔了。

坚硬的羽毛

鸟类的翅膀，前缘厚、后缘薄，这种结构与飞行密切相关。从空气动力学上讲，只有这种曲面在高速气流中才会产生升力，使鸟能够悬在空中。鸟的尾巴与其他脊椎动物不同，尾椎全隐藏在体内，只在尾骨上长出许多刚硬的羽毛。尾在飞行时可转换方向和平衡身体，所以又将尾羽称为舵羽。

知识角 ZHISHIJIAO

科学家研究发现，鸟类滑翔时可获得最大升力，而折起翅膀可降低阻力，于是，研究人员正在试图采用这种基本原理，进行可变形机翼的研究。

特殊的骨骼

鸟类的骨骼比较特殊，既坚固又灵巧，一般为中空而尖细的骨，强度大，重量小。一只军舰鸟翼展开可达 2 米多长，而骨骼只有 100 克左右。一只重达 11 千克的鹈鹕，它的骨骼只有 0.5 千克。除了轻盈和坚固以外，鸟的骨骼还安排得非常精巧。在鸟类两肩上的锁骨，愈合成“V”形，可以防止飞行时左右肩带发生碰撞，在胸骨的中线处，有高高隆起的龙骨突起，可以扩大胸肌的固定面积，使飞行能力大大加强。鸟类脊椎骨骼的愈合以及尾骨的退化，使躯体的重心集中到中心，有利于飞行时保持平衡，又便于骨骼相互牢固地连接在一起。

※ 坚硬的羽毛是鸟类飞行的重要器官。

不断探索

人们在研究了鸟的身体结构以后，试图模仿鸟的身体特征制造出飞行器。400 多年前意大利科学家达·芬奇根据鸟的飞行研究设计了扑翼机。试图用脚蹬的动力来扑动翅膀飞行，但是这种美好的愿望很快就破灭了。后来人们又不断地研究探索，特别注意到了鸟翅前厚后薄的特点，并且翼前上面钝圆，下面平直，这样，高速气流在通过鸟翼时，上下端的速度不一致，鸟翼上端的气压比下端气压低，至少可以形成与鸟重量相等的升力。

※ 早在 2 000 多年前，我国民间流传着鲁班曾制造过会飞的木鸟。如今，人类飞翔的梦想已经实现了 100 多年。

梦想的实现

1903 年，美国的莱特兄弟经过多年的实验和空气动力学的研究，改变了机翼的角度和面积的设计，最终驾驶着自制的飞机，在空中飞行 12 秒钟后，安全着陆。人类的飞行梦想终于实现了。在后来几十年的飞行研究中，人们仿照鸟类的骨骼系统，不断减轻飞机的重量。又根据昆虫的飞行原理改进飞机，不仅实现了超音速飞行，而且使飞行的稳定性大大提高了。

鹰与电子鹰眼>>>

鹰是猛禽动物中的典型代表，它具有超强的飞行能力。鹰眼能在几千米的高空迅速准确地发现和识别地面目标，并能判断出目标的运动方向和速度大小，这是人眼和普通雷达都望尘莫及的。因此，人们根据鹰眼结构制造出了电子鹰眼系统。

滤光器

鹰眼的敏锐度在鸟类中名列前茅，它比人眼敏锐1～2倍，而且视野非常开阔。展翅翱翔于两三千米高空的雄鹰，一下子便能发现地面上的小兔子和老鼠；而在高空飞行的飞行员用肉眼是很难发现和识别地面目标的。鹰眼的瞳孔很大，相当于人眼瞳孔的2倍。在一定条件下，瞳孔越大，分辨物体的能力就越高。而且在鹰的眼内有一个特殊黑色的结构，叫做梳状突起，它起着滤光器的作用，可以减弱光的强度，所以在极强的光线下，鹰眼也不缩小瞳孔，保持很高的视觉灵敏度。

※ 鹰锐利的眼睛是其捕捉猎物的有力武器。

知识角 ZHISHIJIAO

鹰是食肉动物，捕捉老鼠、蛇、野兔或小鸟。大型的鹰科鸟类可以捕捉山羊、绵羊和小鹿。鹰有一副强壮的脚和锐利的爪，便于捕捉动物和撕破动物的皮肉。

特殊的结构

鹰眼与人眼不同。一般人的每个眼球视网膜上只有一个中央凹，每个中央凹约14.7万个感光细胞，这也是视觉最敏锐的区域。而鹰的每个眼球，具有两个中央凹结构，一个称为正中央凹，另一个称内侧中央凹，在中央凹处的感光细胞数目很多，达到100万个左右，所以鹰眼要比人眼的视觉敏锐得多，两个正中央凹能敏锐地发现前侧方向的景物，两个侧中央凹则可发现在正前方的物体，构成了敏锐的双眼视觉区。

电子鹰眼

由于鹰眼具备的这些特点，使它能在空中迅速准确地发现、识别地面上的物体，并能判断出其运动的方向和速度的大小，这是人类难以企及的。因此，科学家根据鹰眼的构造原理，研制出类似鹰眼的搜索观测系统，即电子鹰眼。这种电子光学装置配备有装上望远镜的电视摄像机和电视屏，飞行员在高空中只要盯住电视屏幕，就可以在飞机上看到宽阔的视野中的所有物体。一旦发现可疑目标，便可进一步放大，供飞行员分析或通知地面的导航系统。

※ 在鹰眼的启示下，人类制造出了电子鹰眼。

多方面应用

电子鹰眼技术不仅能使飞行员的视野和视敏度得以扩大，还会提高地质勘探、海洋救生、遥感探测等方面的工作效率；同时也可用来控制远程激光制导武器的发射。如果能制出具有“鹰眼系统”的导弹，它就能像鹰一样自动寻找和识别目标，并自动跟踪目标直至攻击成功。

※ 电子鹰眼广泛地应用在各个领域。

网球赛场上的鹰眼技术

“鹰眼”也被称为即时回放系统，这个系统由 8 个或者 10 个高速摄像头、4 台电脑和大屏幕组成，分为几个步骤来完成。最终是利用即时成像技术，由大屏幕清晰地呈现出网球的运动路线及落点。整个过程所耗用的时间，不超过 10 秒钟。在网球赛场上，由于网球在空中运行的速度很快，因此在落地后，经常会有选手对其落在线内还是线外产生争议。而“鹰眼”技术是对裁判判罚精确性的得力辅助工具，通过它可以有效地杜绝一些争议的产生。

蚁冢和大厦散热>>>

在五彩缤纷的大自然中，许多动物为了生存，都练就了一身的绝技。其中，白蚁就可以称得上杰出的建筑师。早在人类出现以前，白蚁的“房屋”就已经具有“现代化”的水平了。如今，人类建造高楼大厦时，常常会受到白蚁巢穴的启发。

伟大的建筑师

在非洲原野上有许多形状各异的蚁冢，这些是白蚁的杰作。非洲的白蚁常用嘴巴将唾液、土壤和粪便混合之后拿来盖房子，整个蚁穴呈圆锥形塔状，远远望去，既似高塔，又像碉堡，所以人们叫做白蚁塔。白蚁只有火柴头一般大小，可它们建造的土堡达几米高，动用的土方量有几十吨。假如白蚁的体型和人类一样大，白蚁塔的高度就相当于人类建造的 2 000 层的摩天大楼。

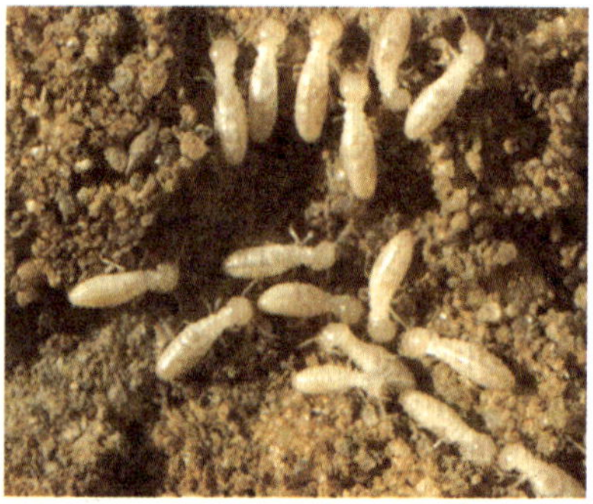

※ 白蚁的家族往往非常庞大。

※ 壮观的白蚁塔是一个个伟大的工程

排气孔道

白蚁塔不仅工程浩大，而且结构非常科学，并且精致美观，舒适惬意。白蚁中的工蚁首先用自身的分泌物与泥土相混合，建造起厚度达 50 厘米的堡壁，以隔断外界天气变化对蚁巢的影响，接着自下而上地在几米高的外壁上挖出几条垄状通道，每一条通道再开通约 10 条从巢顶到巢底的细小“通风管”，蚁巢内部由 120 条细小气道上的无数小孔与外界相通。

“空调凉房”

白蚁在巢中活动时产生的热气可以通过这些像烟囱一样的“通风管”上升，排到巢外；而外部气流又能够从气道进来，源源不断加以补充，起到“空调”的作用。它们甚至挖隧道，“抽取”地下水来帮助散热。在盛夏中午，当土堡外墙热得不敢用手碰触的时候，蚁巢中心的温度却只有 32℃左右。在多雨的地方，蚁冢则又像一个大蘑菇，让雨水能顺利地流下，而不致破坏蚁冢。

建造蚁冢

蚁冢都是用树木做骨架的。蚂蚁喜欢选择枯死的树或灌木筑巢，它们首先咬掉软朽的部分，只留下坚硬的木质做骨架；然后，成千上万的建筑大军，各叼一颗沙粒，川流不息地爬上树木骨架，用唾液把沙粒垒在上面——一颗沙粒就是一块“砖”，随着“砖层”不断加高加厚，就形成了一堵堵的“墙”；这些“墙”依照树木骨架的自然形态相连接，于是，分隔出了大大小小的“房间”。它们的建筑速度十分惊人，1 立方米的蚁冢，十几天就能建成。随着蚁群的增殖，蚁冢也逐年逐月加高。

※ 有的蚁冢用树木做骨架。

知识角 ZHISHIJIAO

热带地区的白蚁塔硬如尖石，大雨也不会令其溶化崩溃，所以常常发现有百年以上历史的白蚁“古堡”，当地的原住民常常用它做仓库。

“千层大楼”

白蚁塔内居室如迷宫，隧道弯弯曲曲，长约几百米。这里有蚁王、蚁后居住的“皇宫”，还有普通“百姓”起居的蚁巢，有四通八达的“公路”，可供好几百万只白蚁生活。这个坚固的城堡，就像科幻小说里的“千层大楼”。在非洲津巴布韦的首都哈拉雷，有一栋完全利用白蚁塔原理建造的大楼，这栋大楼白天隔热、晚间散热。

※ 办公室的空调系统就是模仿蚁冢的排气孔道。

蝴蝶翅膀和射频识别>>>

据估计，全球贸易体系中的仿冒商品占有率超过5%，所以人们必须运用一种手段来对商品进行质量认证或检测，从而避免仿冒商品对消费者造成伤害。射频识别技术就是一种先进的商品识别技术。

什么是射频识别

射频识别技术（缩写 RFID），是 20 世纪 90 年代开始兴起的一种自动识别技术，射频识别技术是一项利用射频信号通过空间耦合（交变磁场或电磁场）实现无接触信息传递并通过所传递的信息达到识别目的的技术。从信息传递的基本原理来说，射频识别技术在低频段基于变压器耦合模型（初级与次级之间的能量传递及信号传递），在高频段基于雷达探测目标的空间耦合模型（雷达发射电磁波信号碰到目标后，携带目标信息返回雷达接收机）。

※ 射频识别技术是一种常见的自动识别技术。

射频识别技术的发展

20 世纪 40 年代时，雷达的改进和应用催生了射频识别技术，1948 年奠定了射频识别技术的理论基础。后来，射频识别技术不断探索、发展。到了 70 年代时，射频识别技术与产品研发处于一个大发展时期，各种射频识别技术测试得到加速，出现了一些最早的射频识别应用。在 20 世纪 90 年代时，射频识别技术标准化问题日趋得到重视，射频识别产品得到广泛采用，射频识别产品逐渐成为人们生活中的一部分。2000 年后，射频识别产品种类更加丰富，电子标签成本不断降低，规模应用行业扩大。

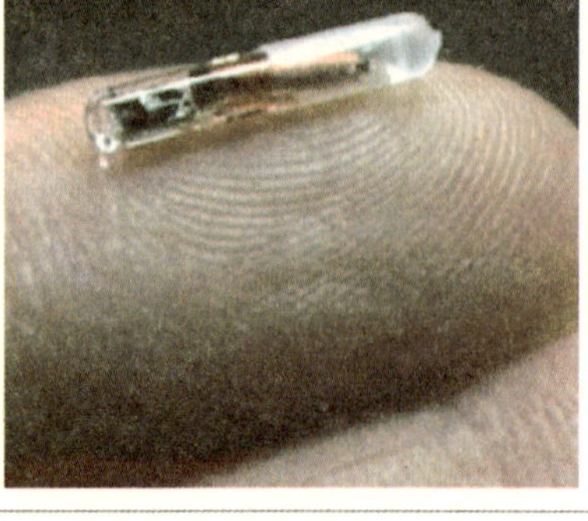

※ 射频识别技术广泛应用于生活的各个领域。

先进的技术

射频识别技术是取代超市商品上类似条形码的新技术，它是一个小金片加上天线构成的，小金片里面有读写器，可以记录物品信息。比如说，仓库里有很多箱货物，每天都要清点存货，如果是传统的条形码，你就要一个箱子一个箱子地扫描，非常费时。有了这个射频识别，就可以 10 个、100 个箱子同时扫描，而且读取的距离更远，可以在 5 米之外进行扫描，这样更加方便。

※ 仓库的工作人员在射频识别的技术的帮助下，可以非常方便的清理货物。

传感器的一种

最先大规模使用射频识别技术的大公司是沃尔玛，为了一路追踪货物从工厂到商场的情况，沃尔玛广泛使用射频识别技术。现在我国也在大力发展这一技术，从某种程度上来说，RFID 也是传感器的一种，传感器本身分很多种类别，例如记录声音、光线、湿度、温度都有不同类别的传感器，RFID 不记录这些信息，它更多的是在告诉人们“我是谁”，是一种身份的证明，它表明“我是 A，而不是 B”。

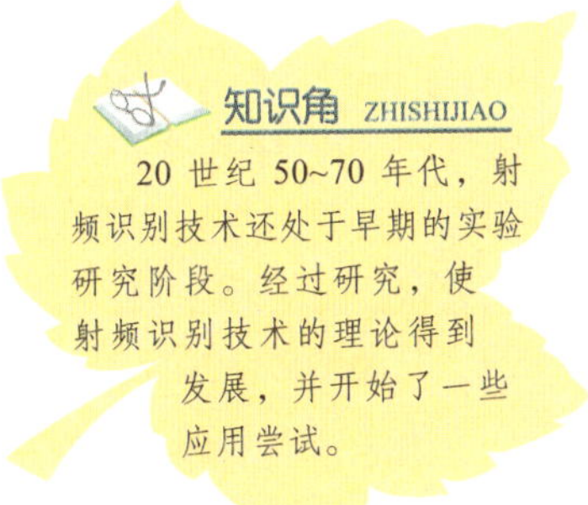

蝴蝶的启示

英国的一家研究机构与一所大学正在合作研究一种新型的防伪与 RFID 方案。值得一提的是，该研究方案将以物理学领域透过研究蝴蝶翅膀所特制出的一种电磁材料作为基础。蝴蝶翅膀能够创造出变化万千的视觉效果，这是透过其表面细微结构的尺寸、形状与组织架构的巧妙变化。那些细微结构能反射或吸收光线，并产生缤纷色彩。研究人员表示，由于了解到以上现象的光学特性原理，所以，该研究团队将开发出一系列的应用于红外线、微波或无线电波领域的商业化方案。

※ 目前，人们在蝴蝶翅膀的启示下，正在不断发展射频识别技术。

蜘蛛丝和高强度纤维>>>

蛛丝是蜘蛛赖以为生的"法宝"。蜘蛛借助蛛丝捕捉猎物、储存食物和繁殖后代。蛛丝是自然界最理想的纤维材料之一,拥有许多其他人工制作材料无法比拟的性能,尤其以高强度、高韧性著称。所以,人类利用蛛丝来合成高强度纤维。

知识角 ZHISHIJIAO

蜘蛛网是一种语言,比任何动物的语言都精致复杂。蜘蛛网就像一份文稿,用于和别的蜘蛛,和被捕获的小虫,在某种程度上可以说跟附近的任何生物进行交流。

结网性蜘蛛

蜘蛛属于节肢动物,全世界的蜘蛛大约有 4 万种,我国约有 3 000 多种。蜘蛛的种类大致可分为游猎蜘蛛、结网蜘蛛及洞穴蜘蛛 3 种。织网是结网性蜘蛛独特的本领。蜘蛛网的样式有几千种。其中,最常见的是同心圆圈构成的圆形蜘蛛网。在蜘蛛的腹部后面,有 6 个不同型号的吐丝器,在它的外面,有 1 000 多个小孔,液状的丝汁从这些小孔中喷出来,一遇到空气马上凝聚成一根根丝,1 000 多根丝并起来,变成了一根毛绒绒的、黏性很大、张力很强的丝线。每当一个小昆虫撞到网上被黏住后,蜘蛛就快速地爬过去将它抓住。如果猎物还在网上挣扎,蜘蛛就会从腹部排出一束白丝将猎物牢牢地缠起来。

※ 蜘蛛网是蜘蛛捕食的武器。

奇特的蜘蛛网

蜘蛛网除常见圆形的外,还有三角形的、八卦状的、漏斗形的、华盖状的、圆币形的、不规则形的等。蜘蛛按一种高级几何曲线——"对数螺线"的无穷曲线形式织网,人工难以画得像它那样匀称、美观。斑点金蛛织出比自行车轮还大的巨大圆网。危地马拉有一种蜘蛛,总是几十只汇聚在一起集体吐丝,织出硕大的网。这种网能抗风挡雨,不易损坏,当地居民竞相采用这种蛛网来做窗帘。

结实的蛛丝

✳ 蜘蛛网既结实又美观

研究表明，蜘蛛可以针对不同用途发出不同生物指令，从而合成产生不同种类的蛛丝，其中，最细的蛛丝直径只有 1 微米的 2% ~ 3%，但比同样粗细的钢丝还要结实。牵引丝是蜘蛛用于搭建蛛网的丝，在各种蛛丝中最为坚固。与一般蜘蛛不同，黑寡妇蜘蛛的牵引丝有着更加出众的性能，无论强度还是伸展性都更胜一筹。这赋予了黑寡妇蛛丝承受更大拉力和形变的能力。据记载，黑寡妇蛛丝在拉断前可以延伸 27%，强度则超过普通蛛丝的 2 倍。

最理想的防弹衣材料

美国一家研究中心的军事科学家和分子生物学家们经过深入研究，发现了蛛丝的不少奥秘。首先，蛛丝的延伸力很好。目前，世界上流行的防弹衣使用的凯夫拉纤维，其延伸力超过 4%时就会断裂，而蛛丝延伸到 14%还安然无恙，超过 15%才会断裂。蛛丝这种极强的弹力，对于来自子弹的外力冲击，能起到很好地缓冲作用，因此，它是一种最理想的防弹服装的材料。

✳ 军人身上穿的防弹衣就是模仿了蛛丝良好的延伸力，这种特殊的衣服对子弹的外力冲击起到了延缓的作用。

极低的“玻璃化转变温度”

蛛丝的另一大特点是它的“玻璃化转变温度”极低。试验证明，蛛丝在 −50 ~ −60℃的低温下才出现“玻璃化”状态，开始变脆。而现行的大多数聚合物“玻璃化”温度只到零下十几摄氏度。蛛丝的这一特性，使其制作的降落伞、防弹衣和其他装备，即使在冰点以下的环境里仍具有良好的弹性，在骤然而至的重物冲击下，依然有极佳的承受能力。

壁虎与黏合剂>>>

壁虎是一种小型的爬行动物，由于其指、趾有黏附能力，所以能在墙壁、天花板或光滑的平面上迅速爬行。后来，科学家认识到这是壁虎足垫上的刚毛让壁虎上演飞檐走壁的绝技。一种超强黏合剂的诞生就来自于壁虎足垫的启发。

高超的攀爬本领

壁虎种类很多，其中最大的体长约 35 厘米，而最小的只有 3 厘米左右。它们昼伏夜出，在夏、秋的晚上，壁虎常出现在灯光照射的墙壁上、屋檐下或电杆上，捕食蚊、蝇、飞蛾和蜘蛛等，是有益无害的动物。人们发现壁虎能在垂直放置的抛光玻璃表面以每秒 1 米的速度快速向上攀爬，而且只靠一个脚趾就能把整个身体稳稳地悬挂在墙上。这是因为壁虎具有适合攀爬的足，足趾长而平，趾上肉垫覆有小盘，脚趾上生长着数以百万计的细小绒毛——刚毛。

※ 体形娇小的壁虎却有着高超的攀爬本领。

※ 壁虎能在天花板上攀爬的能力来自于脚趾上的刚毛。

刚毛的巨大力量

壁虎脚趾上的每根刚毛约有 100 微米长（相当于两根人头发的宽度），刚毛顶端都有上千个更细小的分叉，壁虎脚趾的黏性就是通过这些分叉与物体表面分子形成的分子间作用力来实现的。据计算，一根刚毛能够承受相当于一只蚂蚁的重量，100 万根刚毛虽然排列在一起的面积还不到一枚硬币的大小，但却可以承受 20 千克的重量。这样，壁虎如果同时使用全部的刚毛，就能承受 127 千克的重量。

对人类的启发

多年以来，生物学家一直认为壁虎的脚趾有一种类似胶水的物质，但通过电子显微镜才发现了神奇的刚毛，苍蝇和其他昆虫也用同样的方法接触表面，但它们的黏性远远不及壁虎的黏性。壁虎这种神奇的黏性给人们提供了一个很好的思路。人们可以将这种黏性应用于沉重物体的搬运，甚至更广阔的领域（如攀岩运动）。

※我们常用到的挂钩也源自于壁虎的神奇本领。

期待中的“壁虎人”

目前，科学家正在研制一系列模仿这种神奇力量的超强黏合剂，用以提高打造爬墙机器人的可能性。2003 年，英国曼彻斯特大学的研究科研人员就成功研制出一种具有超强吸附力的黏合装置，这种黏合装置的吸力之强甚至可以让人稳稳地吊在天花板上，像壁虎一样爬来爬去，也许在不久的将来，比“蜘蛛人”本领更大的“壁虎人”就出现在我们的生活中了。

知识角 ZHISHIJIAO

不过，一旦进入水中，壁虎足底的黏性会骤然下降。水和其他液体一般被看做是黏合剂的“天敌”，我们在给出血的伤口缠绷带时就会深刻体会到这点。

仿生壁虎脚

科学家成功利用碳纳米管阵列制成具有“强吸附”和“易脱附”性能的仿生壁虎脚，在碳纳米管基础上开发出的仿生壁虎脚既能在垂直表面上轻松吸附重物，也能够从不同角度轻松取下。他们研制的仿生壁虎脚对物体表面没有特殊要求，不仅对光滑如玻璃的物体表面具有强吸附力，而且同样能吸附在砂纸、聚四氟乙烯膜等相对粗糙的物体表面上。据介绍，这种碳纳米管阵列在许多领域有着巨大的应用前景。

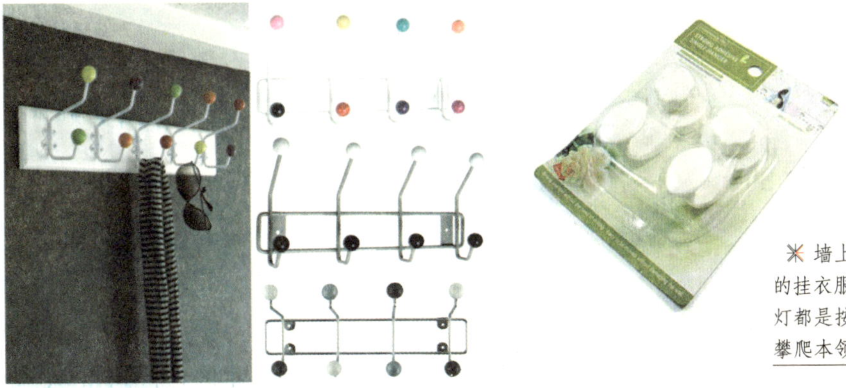

※墙上的挂钩可以方便的挂衣服，还有吸顶式的吊灯都是按照壁虎的神奇的攀爬本领模仿的。

龟壳和薄壳建筑>>>

龟壳的背甲呈拱形，跨度大，包括许多力学原理。虽然它只有2毫米的厚度，但使用铁锤敲砸也很难破坏它。建筑学家模仿它进行了薄壳建筑设计。这类建筑有许多优点：用料少，跨度大，坚固耐用。

乌龟的盔甲

※ 龟壳就是乌龟用来御敌的“盔甲”。

乌龟有一付特殊的“盔甲”，当遇到危险时，可以把头和四肢缩入“盔甲”内。“盔甲”的结构特殊，十分坚硬。龟壳分背甲和腹甲两部分。背甲呈拱形，由角板和骨板组成。角板的主要成分为角质，排列整齐，共有3行大的六角形角板，还有排列在边缘的一些小角板。骨板位于角板的下面，是由一部分椎骨、肋骨和真皮愈合而成，主要成分为钙质。甲板的连接缝和骨板的连接缝交错排列，互相咬合得很紧，使得龟壳的抗压能力大大增加。腹甲也由角板和骨板组成，但结构比较简单一些。

薄壳建筑

龟壳虽然只有2毫米的厚度，可是一个成年人站在上面也压不碎。龟壳不仅薄而牢，它的跨度也很大，包含许多合理的力学原理，是设计薄壳结构建筑物的好样板。这种“薄壳结构”的表面虽然很薄，但非常耐压。模仿它们壳体在外力作用下，内力都沿着整个表面扩散和分布的力学特征，在建筑工程中早已得到广泛应用。

※ 乌龟壳非常坚硬、牢固，即使一个普通的成年人站上面也不会将其压碎。

不断发展

※ 天津博物馆就是模仿龟壳的原理建造的。

薄壳结构一开始的时候，并不是所有结构都能做出来的，因为开始的时候主要是用砖来做的穹顶，后来发展到用混凝土做的穹顶，这种由砖或混凝土做的薄壳结构形状是有限的，不是做成各种形状都可以，后来随着薄壳结构的发展就能做成各种各样造型的薄壳结构，对后来建筑的发展起了很大作用。

广泛应用

由于薄壳结构能跨越几百米的跨度，同时给建筑内部留出不被隔断的大面积使用空间，在建筑结构特别是大型场馆的设计中被广泛应用。在我国建筑工程中已设计了各种类型的薄壳建筑物，如剧院、车站、礼堂等，著名的如北京火车站、上海工业展览馆、天津博物馆等。如北京火车站大厅的屋顶就是薄壳结构，虽然没有一根柱子支撑它，却十分牢固，不会塌下，真正做到了跨度大、材料省而且外形美。

知识角 ZHISHIJIAO

1924年，德国的蔡斯工厂天文馆建成第一个半圆球形的薄壳结构。1925年，德国耶拿斯切夫玻璃厂厂房采用了球形薄壳，壳厚只有约60毫米。

悉尼歌剧院

悉尼歌剧院最初设计的时候确实计划采用薄壳结构。但由于如此大的跨度带来的相应技术难度，这座经典的建筑最终依靠传统的拱形结构才得以完成。所以，我们今天看到的悉尼歌剧院具有别出心裁的屋顶，像迎风的白帆，像巨大的贝壳，又像洁白的百合花，依托着碧海蓝天，迎着阳光盛开。

※ 著名的悉尼歌剧院最初就按照薄壳结构来建造的，但由于跨度技术的要求，最后放弃了。

长颈鹿和抗荷服 >>>

长颈鹿是目前陆地上最高的动物，长长的脖子使它们一抬头就能吃到高处的树叶。而抗荷服是超音速歼击机驾驶员的服装，两者看似毫不相干的事物，却有着十分紧密的联系。抗荷服是人类在了解了长颈鹿特殊的生理结构后得出的发明。

自然的选择

长颈鹿是陆地上最高的动物，它主要生活在非洲广阔的草原上。长颈鹿起源于亚洲，不过当时它们的脖子和腿没有现在那么长，后来，由于地球生态环境和气候的变化，食物缺乏，脖子短的鹿因为吃不着高树上的树叶而相继死去，脖子长的鹿则顽强地生存下来，经过漫长的年代，终于发展成了今天的模样。

超高的血压

由于具有长脖子的优势，成年的长颈鹿一抬头就能吃到 6 米高处的树叶。长颈鹿的大脑离心脏的距离大约有 3 米，把血液输送到大脑去，完全是依靠心脏有力的收缩产生了高达 260 毫米汞柱的收缩血压（即使舒展压也有 160 毫米汞柱）。这是长颈鹿的正常血压，这样高的血压足以保障将血液送到大脑以及身体的其他部位。

※ 长颈鹿是陆地上最高的动物。

特殊的生理结构

当长颈鹿低头饮水时，头部从身体的最高位置一下子降到了最低位置，大脑瞬间发生了 6 米的高位落差。按理说，如此大的变化会造成大量血液一下子涌向大脑，使脑部血压骤然升高。长颈鹿平常血压已经相当高了，再骤然升高，脑部血管如何承受得了呢？按照人类的生理情况分析，长颈鹿低头饮用河水时一定会因突发脑溢血或脑血管破裂而出现意外甚至死亡，可是事实并非如此，这其中有什么奥妙呢？

※ 特殊的生理结构，使长颈鹿饮水时不会引发脑溢血。

抗荷服的出现

生物学家的研究揭示了其中的秘密，原来是裹在长颈鹿身上的一层厚皮紧紧地箍住了血管，限止了血液因高度骤变而使血液过快流动。军事科学家就是因长颈鹿紧裹在身体上的厚皮受到了启迪，仿照长颈鹿皮肤的原理，研制出一种新型的抗荷服。只要歼击机驾驶员穿着这样的服装，就避免了在突然作超速紧急爬升时，由于惯性作用，血液迅速向躯体处于低位的部分流动，而使处于高位的大脑一时间缺血过多，会产生眩晕甚至昏厥的状况。

知识角 ZHISHIJIAO

长颈鹿平常最爱吃金合欢树一类的四季常青的树叶和嫩枝。它的舌头伸长时可达 50 厘米以上，取食树叶极为灵巧方便，每天要吃 35 千克左右的树叶。

※ 飞行员飞行时都穿有抗荷衣服。

特殊的服装和训练

这种抗荷服内设计了一种超速空气压缩装置。当飞机超过一定限度加速时，该装置便会自动开启，使抗荷服内充满压缩空气。于是抗荷服在压缩空气的作用下，紧紧地包裹在驾驶员躯体的各部位，对各部位血管产生相应的压力，有效地限制了血液过快地向躯体低位部分流动，从而克服了飞机超速向上爬升时，驾驶员大脑瞬时出现缺血的生理不适应的困难。除歼击机飞行员外，宇航员进入太空时也身穿这种特殊的服装来保证血压保持正常。而且在长颈鹿特殊生理结构的启示下，科学家设置了一种特殊器械来训练宇航员。他们让宇航员利用这种器械每天锻炼几小时，从而防止宇航员血管周围肌肉退化。

响尾蛇与红外导弹>>>

响尾蛇是美洲大陆特有的一种毒蛇，它的视力几乎为零，但却能在漆黑的夜里捕捉到活蹦乱跳的田鼠等小动物。人们经过研究发现，响尾蛇具有极其灵敏的红外线感受作用。据此，科学家研制出了一种空战武器，即著名的“响尾蛇”红外导弹。

知识角 ZHISHIJIAO

蛇还能在来自太阳、热石头等干扰场中，识别活的动物，对死鼠则不予理会。此外，能够感受红外辐射的还有蚂蚁、蚊子、深水乌贼等动物。

感受红外辐射

在自然界中，大多数高等动物的体温是恒定的，它的散热主要是以红外线辐射的形式进行，又因为红外线辐射携带大量的信息，于是一些动物（特别是夜行动物）进化出了能接收红外线信息的器官，如蛇就是利用红外探测器在夜间捕食小动物的。如产于美洲的响尾蛇、分布于我国的蝮蛇、五步蛇、竹叶青蛇等，在眼睛与鼻孔之间有一叫颊窝的凹窝器官，其厚度仅有 10 微米到 15 微米，但能够在相当远的距离分辨千分之一摄氏度的温差变化。

✳ 响尾蛇之所以能在夜间捕捉动物，是因为它们有极灵敏的红外线感受功能。人们在响尾蛇的启示下，制造了“响尾蛇”红外导弹。

颊窝的奥妙

研究发现，响尾蛇颊窝被一层薄膜分隔成内外两个小腔。内腔以小孔开口于皮肤，使内腔与环境的温度一致，并可调节内外腔间的压力。颊窝上密布有三叉神经末梢质体，这是红外感受单位，包含有许多线粒体。颊窝膜表面每平方毫米约有 1 000 个红外感受单位。外腔方向指向前方，当热量到达颊窝时，窝内的空气膨胀，颊窝膜两侧温度就不同，神经末梢便很兴奋，刺激神经细胞，产生脉冲传给脑中枢，经过信息加工后，脑中枢便发出攻击猎物的命令。

红外导弹

人们在响尾蛇的启发下，设计制造出了一种“红外眼睛”。把它和一套控制系统装配在导弹的头部，从而制成了能自动跟踪热目标的导弹，这就是著名的红外导弹。这种导弹是专门用来打飞机的“空对空”导弹。把这种导弹安装在飞机上，由飞机发射出去打敌方的飞机。只要这种导弹在发射时跟踪上热目标，如飞机发动机高温区域和喷出废气时所发出的红外线，导弹头部的红外线探寻装置便立即能感受到并接收下来，然后这种装置立即带动引导机构，操纵导弹追击敌机，直到命中爆炸，将敌机击毁。

※ 大名鼎鼎的“响尾蛇”红外导弹

※ 看上去可怕的响尾蛇却为人类做出了不可估量的贡献。

“响尾蛇”导弹

美国的“响尾蛇”导弹是世界上第一种采用红外制导的空对空近距导弹，几十年来身经百战，且越战越“勇”，先后出现了 10 多种不同型号。在 F-4“鬼怪”式、F-14“雄猫”式、F-15“鹰”式、F-16“战隼”式和 F-18“大黄蜂”等多种战斗机、强击机上都可以见到它的身影。到目前为止，“响尾蛇”导弹生产总数已超过 20 万枚，在 30 多个国家和地区使用。

※ 发射中的“响尾蛇”导弹，弹头上有红外线探测器右图为模型。

容易受骗

“响尾蛇”导弹虽然很厉害，可也有致命的弱点，容易受骗。因为它在寻找。跟踪目标时，完全依赖装在弹头上的红外线探测器，然而红外线探测器不会识别真假导弹，只要碰上能量足够的红外线源，就会盯住不放，万一被跟踪的飞机能投放红外线“诱饵”，“响尾蛇”导弹就会被骗。

蝙蝠与雷达>>>

蝙蝠是一种古老的动物。如今，地球上生活着近 1 000 种蝙蝠。它们大多具有敏锐的听觉定向系统，靠自身发出的超声波来引导飞行，有“活雷达”之称。科学家通过模仿蝙蝠回声定位功能原理，提高了雷达的灵敏度和抗干扰能力。

捕猎高手

在夏天的傍晚，我们偶尔会看到蝙蝠在夜色中飞来飞去，追逐飞虫。它具有很强的捕获飞虫的本领。有人仔细观察过，在 1 分钟内蝙蝠平均捕捉 14 只蚊子，有时候它竟能在半秒钟内连捉两只昆虫，可谓捕猎高手。研究人员通过实验发现，蝙蝠并不是依靠眼睛来发现猎物的，而是耳朵。

✳ 蝙蝠因有敏锐的听觉定向系统而被称为捕猎高手。

✳ 蝙蝠就是利用超声波来感知其他动物的存在。

超声波的作用

原来，蝙蝠的耳朵是利用超声波回声定位来感知物体的存在的。通常人只能听见每秒钟振动 16 次到 2 万次的声波，超过每秒 2 万次的振动人耳是听不到的，所以叫做超声波。蝙蝠和一些其他动物都能听见超声波。蝙蝠利用它特有的喉头产生很强的超声波并通过嘴巴和鼻孔向外发射。超声波遇到物体后，可像光波一样被反射回来，反射回的声波用耳朵来接受。蝙蝠的耳朵很大，内耳特别发达，能在 1 秒钟内接受和分辨 250 组回声。而且分辨力很高。

发达的超声波

蝙蝠的这种超声波探测灵敏度和分辨力极高，使它们根据回声不仅能判别方向，为自身飞行路线定位，还能辨别不同的昆虫或障碍物，进行有效的回避或追捕。它的回声定位术还有很高的抗干扰能力，一个岩洞里常常有几万到上亿只蝙蝠聚居，当它们飞离或返回洞穴时，都要发出呼叫声，这成千上万的呼叫声和洞壁的回声交织在一起，却能互不干扰，这种分辨力和抗干扰能力是任何人造声呐系统望尘莫及的。蝙蝠就是靠着准确的回声定位和无比柔软的皮膜，在空中自如盘旋，甚至还能运用灵巧的曲线飞行，不断变化发出超声波的方向，以防止昆虫干扰它的信息系统而乘机逃脱。

知识角 ZHISHIJIAO

蝙蝠分布于除南北两极和某些海洋岛屿之外的全球各地，以热带、亚热带的种类和数量最多。大多数蝙蝠以昆虫为食，部分蝙蝠以果实、花粉、花蜜为食。

发明雷达

在第一次世界大战期间，人们根据蝙蝠的"回声定位"原理发明了雷达，雷达能及时探测出敌机的方位和距离，以便发出警报。然而，蝙蝠的超声波定位器一般只有几分之一克重，体积只有几分之一立方厘米，而现代无线电定位器却有几十、几百甚至上千千克重，体积也往往大至几百立方分米。因此，雷达专家们一直在研究蝙蝠的超声定位本领。通过模仿蝙蝠按照目标情况，随时调整脉冲参数和调整方向的探测方法，提高了雷达的灵敏度和抗干扰能力。

※ 雷达的优点是白天黑夜均能探测远距离的目标，且不受雾、云和雨的阻挡，具有全天候、全天时的特点。

"蝙蝠拐杖"

除雷达外，来自英国利兹大学的研究人员还进行了大胆地尝试。他们研制成功一种"蝙蝠拐杖"，这种特殊的拐杖能发出一种人耳听不见的声呐波，通过震动的强弱，帮助盲人探测障碍物的远近。

射水鱼和水下发射导弹技术>>>

射水鱼是生活在南亚海洋中的一种鱼，它们经常在水面上游动，一旦发现水面附近有猎物，它们能立刻调整姿势，把嘴尖微微露出水面，迅速喷出一股很急的水柱，把小虫给“击落”。现在，人们经过对射水鱼的研究，开始研制水下发射导弹的技术。

奇特的射水鱼

射水鱼俗称高射炮鱼，发现于 1766 年。射水鱼身长只有 20 厘米左右，色彩鲜艳，长着一对水泡眼，眼白上有一条条不断转动的竖纹，在水面游动时，不仅能看到水面的东西，也能察觉空中的物体。它能把水射到 1 米多高，距离 30 厘米内的飞蛾很难逃命。它不仅能把苍蝇、蜜蜂、蝴蝶之类的小昆虫击落，还能把人的眼睛打伤。

※ 射水鱼色彩鲜艳，有一对水灵的泡眼。

※ 每一个射水鱼都需要不断磨炼，来提高自己捕捉猎物的能力。

秘密武器

射水鱼这种本领，全靠嘴中藏的秘密武器。射水鱼用舌头抵住口腔顶部的一个特殊凹槽形成管道，就像水枪的枪管一样。当鳃盖突然合上的时候，一道强劲的水柱就会沿着管道被推向前方，射程可达 1 米。这时，舌尖起到了活阀的作用，使射水鱼朝着正确的方向喷射水柱。如果第一次没有成功，射水鱼还会再试，它们可以连续发射几道水柱，然后再补充“弹药”。

瞄准本领

※ 射水鱼的眼睛有较好的水下视觉。

射水鱼的神奇本领要归功于它的神经系统和眼睛。与其他鱼类一样，射水鱼的眼睛具有良好的水下视觉，这是它们长期适应水生生活的结果。光在空气中和水中的折射率是不相同的，前者为 1，后者为 1.333。陆生动物眼睛角膜的折射率为 1.376，当光线由空气中进入陆生动物眼睛的角膜时，会产生强烈的折射，而鱼类角膜的折射率与水的很相近，所以鱼眼角膜的折光本领很弱。在鱼眼里，主要的折光元件不是角膜，而是水晶体。水生动物的水晶体呈圆球形，水晶体与视网膜之间的距离变小，从而加强了远视程度，很适合在水中观看各种各样物体。

知识角 ZHISHIJIAO

射水鱼爱吃动物性饵料，尤其爱吃生活在水外的、活的小昆虫。在自然环境中，水面附近的树枝、草叶上的苍蝇、蜘蛛、蛾子等小昆虫都是射水鱼的猎物。

其他优势

比起其他许多鱼类，射水鱼的眼睛更偏向前方，双目并用可以帮助它们准确地判断猎物的位置。此外，它们的眼睛还可以转动，紧紧盯住猎物。射水鱼的背部平坦，这就意味着它们能够尽可能地贴近水面。依靠特殊的鳍，它们还能够在水中盘旋。

模仿射水鱼

射水鱼的这一系列神奇本领要是能被人造机器或武器所掌握，将会有很大的价值：模仿鱼类的瞄准仪，制成精巧的微型“千里眼”，然后把这种“千里眼”装在了机器人身上，就可以像鱼类那样自如地瞄准目标和回避障碍物。把这种眼睛装在高射炮上，则可以大大提高高射炮的命中率。现在，人们经过对射水鱼的研究，已经将它的本领应用到了水下工程中，研制水下发射导弹的技术。

※ 在射水鱼特殊本领的启示下，人类发明了水下发射导弹的技术。

野猪与防毒面具>>>

防毒面具是单兵防化学器材，用于防化学武器袭击。戴在头上，保护人员呼吸器官、眼睛和面部，防止毒剂、生物战剂，免受毒剂、细菌武器和放射性灰尘等有毒物质伤害的个人防护器材。令人惊奇的是，防毒面具的出现得益于野猪的启示。

幸存的野猪

在第一次世界大战期间，德军曾与英法联军为争夺比利时伊泊尔地区展开激战，双方对峙半年之久。1915 年，德军为了打破欧洲战场长期僵持的局面，第一次使用了化学毒剂。他们在阵地前沿设置了 5 730 个盛有氯气的钢瓶，朝着英法联军阵地的顺风方向打开瓶盖，把 180 吨氯气释放出去。顿时，一片黄绿色的烟雾腾起，并以每秒 3 米的速度向对方的阵地飘移，一直扩散到联军阵地纵身达 25 千米处，结果致使 5 000 多名英法联军士兵中毒死亡。清理战场时，人们也发现了大量野生动物的尸体。但奇怪的是，这一地区的野猪却意外的生存下来。

※ 长长的嘴巴是野猪最突出的特征。

本能的反应

关于野猪幸存下来的事情，引起了科学家的极大兴趣。人们通过反复的观察和试验，终于揭示出野猪躲过毒气浩劫的奥秘。原来并非它们对毒气有先天性的抵抗力，而是用鼻子拱地的天性救了自己。当野猪嗅到强烈的毒气气味时，也同样地不堪忍受，于是它们那突起的嘴巴会本能地拼命拱地，在把土拱松后就将鼻子插到泥土里。因为松软的土壤颗粒能吸附并且过滤毒气，所以在这场氯气的浩劫中，野猪能够幸免于难。可以说，正是野猪巧妙地利用了大自然赐予它的防毒面具。

防毒面具的诞生

科学家从野猪的行为中受到启发，很快就设计、制造出了第一批防毒面具。但这种防毒面具没有直接采用泥土作为吸附剂，而是使用吸附能力很强的活性炭，猪嘴的形状能装入较多的活性炭，并让空气畅通。如今，尽管吸附剂的性能越来越优良，但它酷似猪嘴的基本样式却一直没有改变。

知识角 ZHISHIJIAO

野猪的鼻子十分坚韧有力，可以用来挖掘洞穴或推动 40～50 千克的重物，或当作武器。野猪的嗅觉很灵敏，它们可以用鼻子分辨食物的成熟程度。

防毒面具的结构

防毒面具作为个人防护器材，用于对人员的呼吸器官，眼睛及面部皮肤提供有效防护。面具由面罩，导气管和滤毒罐组成，面罩可直接与滤毒罐连接使用，或者用导气管与滤毒罐连接使用。防毒面罩可以根据防护要求分别选用各种型号的滤毒罐，应用在化工、仓库、科研、各种有毒、有害的作业环境中。

✳ 防毒面具常常被用在战场和火灾现场。

✳ 防毒面具

过滤元件

过滤元件是防毒面具上忠诚的把关卫士，它只允许人体必需的清洁空气通过。其内部装有对付气溶胶（悬浮在空气中的微小颗粒）的过滤层，又叫滤烟层，实际上是一层特制过滤纸。它既要高效率地滤除有害物气溶胶粒子，又要对人体的呼吸不产生明显的阻力。过滤元件内还装有专门对付毒气蒸气的防毒炭。防毒炭除要求孔隙结构合理外，还须经过特殊的化学药剂处理，因为，对付各种毒气单靠物理吸附作用是远远不够的，必须借助催化剂，进行物化反应，促使其大量地吸收毒气。

海洋动物与潜艇>>>

潜艇又称潜水艇，是一种能潜入水下活动和作战的舰艇，是海军的主要舰种之一。潜艇从发明到现在，已经有200多年的历史了。与许多物体的发明一样，潜艇的发明和发展，也与动物有着密切的联系。

最初的潜艇

※ 最早的潜水艇

由于水面舰艇航行时容易暴露目标，所以人们就试图建造一种像海洋动物一样，既能潜入海底又能浮出水面的舰艇。因此，潜艇便应运而生。但要建造潜艇，首先必须解决潜艇如何下潜和上浮两个难题。人们经过研究发现水母具有能够充气的“浮鳔”，可以根据感觉细胞的控制而充以足量的气体，使水母漂浮于水面。另外，乌贼也是靠改变体内水的密度实现沉浮；而鱼类则是靠鱼鳔充气和排气进行沉浮。于是，人们从这些水生生物的沉浮机制中得到了启示。因此，最初研制出的潜艇是一种通过人力摇动，通过往水柜里注水、排水，使其自身下潜、上浮的船。

大显神威

经过不断发展，潜艇逐渐在海军兵力中占据了重要位置。1914 年 9 月，德国的一艘潜艇只用了 90 多分钟就击沉了 3 艘英国巡洋舰。在第二次世界大战中，德国潜艇就先后击沉英美运输舰船约 5 000 艘，大型水面舰艇 129 艘。美国潜艇人员虽然只占他们所有参战人员的 1.6%，但他们的潜艇击沉敌方舰船的比例却大大超过了这个数据。

知识角 ZHISHIJIAO

蓝鲸是地球上最大的动物，它的体长可达到 33 米，重 180 吨。蓝鲸的头非常大，舌头上能站 50 个人。它的心脏和小汽车一样大。

海豚皮肤的启示

※在海豚特殊皮肤构造的启迪下，科学家仿制"人工海豚皮"来提高潜艇的航速。

由于潜艇在水中受到的阻力很大，速度慢、功率低，所以，科学家们想从海洋动物的身上找到改进潜艇的方法。人们发现，海豚高速前进时的时速可达100千米，原因是海豚拥有流线体形和特殊的皮肤结构。海豚皮肤的秘密揭开后，美国海军研究部门根据海豚皮肤的结构特点，找到一种接近海豚皮肤的人造材料，模仿海豚真皮层功能，仿制的"人工海豚皮"用于潜艇表面，还模仿鲇鱼表面分泌的黏液，制成高分子化合物，用来涂在舰艇、船壳上，可减少阻力50%，使潜艇的航速成倍的提高。

潜艇的困扰

现代潜艇，特别是核潜艇能够长时间潜航于冰海深水之下，其隐蔽性极好，在战争中的突击作用越来越凸显。然而要在冰海下突发攻击，则必须破冰上浮，这就碰到了如何突破海面上一般浮冰的力学难题。如果不能圆满解决此难题，则潜艇将在海战中处于不利地位。 军事科学家们观察了鲸的生活，注意到鲸每隔20 ~ 60分钟，就要浮出水面呼吸一次。鲸鱼每次首先突出海面的总是背部的中央部位，像生活在冰海的白鲸等就是依靠背部拱破海面较薄的浮冰，然后探出头来"喷潮"呼吸的。

"鲸背效应"

于是科学家从中得到了启示，对潜艇顶部凸起的指挥台围壳等上部结构进行了加强材料强度、厚度和外形模仿鲸背处理，结果取得了极佳的效果。从此，潜艇能轻松快速破冰，突然出现于冰海面发射导弹，威力无穷，潜艇的这种模仿鲸背结构取得成功的改革被誉为"鲸背效应"。

※"鲸背效应"极大地提高了潜艇的航行速度和作战能力。

动物与各种游泳姿势>>>

水生动物们高超的游泳技能一直令人类十分羡慕，所以，人们千方百计地去模仿它们。从最早的“寒鸭凫水”“扎猛子”等游泳姿势到现代竞技游泳中的蛙泳、自由泳等各种泳姿，都是人类受水生动物的启示，逐步完善和发展起来的。

蛙泳的诞生

蛙泳是最古老的游泳技术之一。它是人们模仿青蛙的游水姿势和动作而发明的。人们很早就知道，青蛙用其强有力的后腿做蹬水动作，并且有一种十分漂亮的快速滑水姿势。于是，人们便以青蛙游水为模式创造了竞技游泳中的蛙泳技术。在此基础上，广大运动员和科研人员又不断地研究和改进蛙泳臂的划水动作和效率，以及蛙泳腿的蹬水技术和效率，从而发展成现代的蛙泳技术。

※ 模仿青蛙游泳的姿势叫蛙泳。

※ 蝶泳的泳姿源自于翩翩起舞的蝴蝶。

蝶泳的出现

当人们看到蝴蝶能够翩翩起舞，其双翼的拍动是那样协调有力，于是，人们又把蝴蝶扑翼的动作引用到划水技术中，把蛙式划水动作改为蝶式振臂击水动作，这就产生了蝶泳技术。由于蝶泳划水技术的引进，从而提高了划水的力量和动作频率，因此，蝶泳的速度要比蛙泳速度快。

知识角 ZHISHIJIAO

专家们认为，爬泳技术是最接近鱼类的流线型体形这一生物原型的，所以游起来比较快。在游泳比赛的自由泳项目中，运动员一般都采用这种姿势。

※ 根据海豚游泳时尾巴不停左右摆动的特点，人们发明了海豚泳。

海豚泳

在海洋中，鱼和鲸的游泳速度都大大超过了现代舰船的航速和效率，这吸引了研究人员的注意。他们发现，海豚在游泳时，尾巴不停地左右摆动，造成了水浪后涌，产生了巨大的反作用力，使得海豚快速地前进。根据海豚的这一游泳姿势，游泳运动员也将双腿并拢作上下连续打水的动作，也起到海豚尾巴打水的效果，于是，一种更加新颖、更加快速的海豚泳诞生了。海豚泳取蝶泳臂的划水动作和海豚腿（两腿并拢作上下打水）的打水动作，集这两种动物的优点为一体，从而提高了游泳的速度。

鲭鱼的泳姿

自由泳也称爬泳，是游泳姿势中速度最快的一种。其实，这种游泳技术也是从鲭鱼那里学来的。鲭鱼的游动主要靠宽大的尾鳍摆动所产生的巨大推动力。由于鲭鱼的游动方式只是摆尾，不摇头，鱼体的中部高大，因而游动起来身体只会侧向摆动；同时，也限制了头部的摆动。这样就大大减小了迎面阻力，是鲭鱼游动起来既省力，速度又快。

最快的泳姿

20 世纪初，一位著名游泳家从鲭鱼的游泳方式中得到启发，他把以往游泳时两腿蹬水的动作改为类似鲭鱼尾部运动的两腿上下交替打水的动作，同时还把整个身体平俯在水中，靠双臂从体侧轮流划水前进，这样就诞生了最初的爬泳技术，后来经过人们不断地研究改进，就形成了现代的自由泳泳姿。它要求人们在前进中的身体尽量保持流线型。这样两腿上下交替打水的动作不仅能起到维持身体平衡的作用，而且还会产生一种向前的巨大推动力，再加上两臂快速而有力的划水动作，因而游起来就特别快。

※ 由鲭鱼的游泳方式出现了的爬泳是游泳姿势中最快的一种。

DNA 和生物计算机 >>>

正如人类基因组计划给予我们的启示一样，DNA（脱氧核糖核酸）的资料储存及运算能力可能远远超过目前电脑所使用的硅晶片。目前，计算机科学家正致力于研发基因超级电脑，用以建构以 DNA 为基础的资讯科技。

什么是 DNA

DNA 就是脱氧核糖核酸，是一种分子，可组成遗传指令，以引导生物发育与生命机能运作。主要功能是长期性的资讯储存，可比喻为“蓝图”或“食谱”，其中包含的指令，是建构细胞内其他的化合物，如蛋白质与 RNA 所需。带有遗传信息的 DNA 片段称为基因，其他的 DNA 序列，有些直接以自身构造发挥作用，有些则参与调控遗传信息的表现。

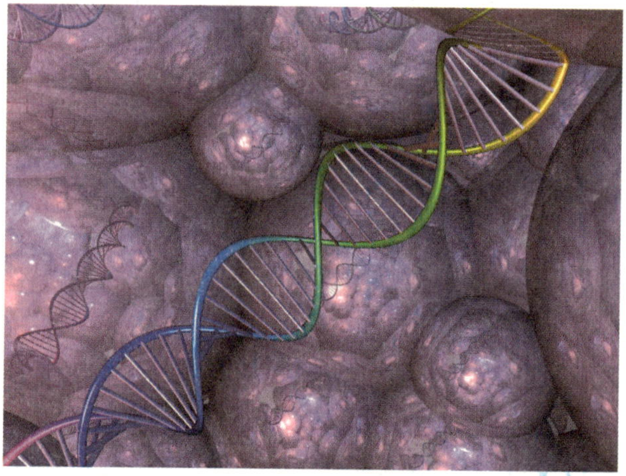

✳ 螺旋状的脱氧核糖核酸

生物计算机

DNA 拥有不可思议的资料存储功能，一般而言，1 毫克 DNA 的存储功能大约相当于 1 万片的光碟片，更为不可思议的是，DNA 还具有在同一时间处理数兆个运算指令的能力。因此，科学家通过对生物组织体研究，发现组织体是由无数的细胞组成，细胞由水、盐、蛋白质和核酸等有机物组成，而有些有机物中的蛋白质分子像开关一样，具有“开”与“关”的功能。因此，人类可以应用遗传工程技术，仿制出这种蛋白质分子，用来作为元件制成计算机，科学家把这种计算机叫做生物计算机。

知识角 ZHISHIJIAO

目前，人们在研究人工智能的同时，借鉴生物界各种处理问题的方式提出了一些生物计算机的模型，部分模型已解决了一些经典计算机难以解决的问题。

优良的性能

生物计算机的性能是由元件与元件之间电流启闭的开关速度来决定的。用蛋白质制成的计算机芯片，它的一个存储点只有一个分子的大小，所以它的存储容量可以达到普通计算机的 10 倍。由蛋白质构成的集成电路，其大小只相当于硅片集成电路的十万分之一，但是运行速度更快，大大超过人脑的思维速度。

※ 电脑是由各种元件构成的。

优点众多

生物计算机有很多优点：首先，它体积小，功效高。在 1 平方毫米的面积上，可容纳几亿个电路，比目前的集成电路小得多，用它制成的计算机，可以隐藏在桌角、墙壁或地板等地方。其次，生物计算机具有自我修复功能，当它的内部芯片出现故障时，不需要人工修理，能自我修复。再者，生物计算机的元件是由有机分子组成的生物化学元件，它们是利用化学反应工作的，所以，只需要很少的能量就可以工作了，而且机体不会发热，电路间也没有信号干扰。

划时代的革命

1983 年，美国公布了研制生物计算机的设想之后，立即激起了发达国家的研制热潮。当前，美国、日本、德国和俄罗斯的科学家正在积极开展生物芯片的开发研究。并且在生物元件，特别是在生物传感器的研制方面已取得不少实际成果，这将会促使计算机、电子工程和生物工程 3 个学科的专家通力合作，加快研究开发生物芯片。生物计算机一旦研制成功，可能会在计算机领域内引起一场划时代的革命。

※ 在生物计算机上，DNA 芯片将取代电子芯片，成为运算单元。

人类大脑与人工智能>>>

大脑常常被称为人体的司令部，人类的所有行为都是脑功能的某些表现，思维、学习、智力也不例外。既然机器、设备可以代替人的体力劳动，那么，是否会有一种机器能够代替人类大脑的工作呢？这就是人类一直在研究的人工智能问题。

大脑的结构

人类的大脑位于颅腔内，由左右大脑半球组成，它笼盖在间脑、中脑和小脑的上面。左右半球之间有大脑纵裂，连接两半球的横行纤维，称为胼胝体。大脑半球表面凹凸不平、布满深浅不同的沟，沟与沟之间隆起称为大脑回。每个半球以几条主要沟为界分为不同的叶，这些叶在功能上各有分工。

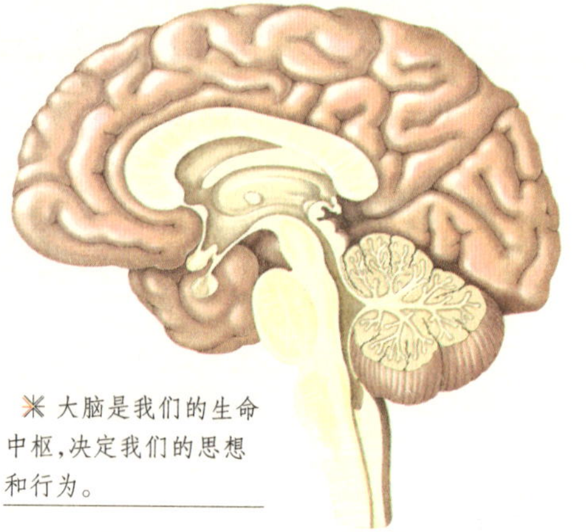

※ 大脑是我们的生命中枢，决定我们的思想和行为。

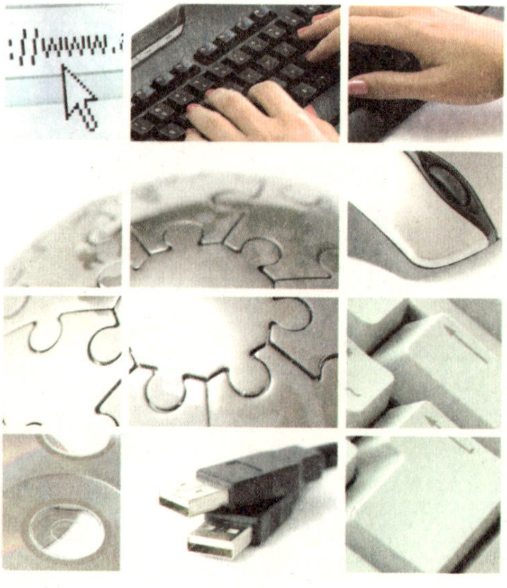

※ 电脑基本组成

人工智能的研究

在大脑的研究方面，目前主要侧重于思维和记忆的机制。人工智能的任务就是研究和完善等同或超过人的思维能力的人造思维系统。从目前研究人工智能的内容和进展情况来看，人工智能的研究工作包括计算机方法和仿生学。计算机方法是利用现有的电子计算机的硬件设备，研究计算机的软件系统，来实现计算机的图像识别、自然语言识别和机器思维等工作，这项工作叫做机器智能，是人工智能的初级阶段。

建立模型

※ 电脑的硬件组成元件

仿生学对人工智能的研究主要从两方面着手进行：一方面根据生理学、心理学等学科的现有成就，对人脑进行人工模拟，建立人工智能领域的大脑学说，即建立人体神经系统的各种生物模型、数学模型以及电子模型；另一方面，根据以上模型研究、设计和制造具有人体神经系统某些功能的人工智能机。按仿生学的途径来研究人工智能有两个特点：一是研究生物模型和研制人工智能机的工作相辅相成，互相促进；二是电子计算机与人工智能机的交叉和互相渗透。电子计算机是研究人工智能的重要工具。

研究过程

要模拟人脑创造出具有一定思考能力的电子计算机，首先就得模仿神经元创造出电子计算机的“基本元件”。目前，这一方面已取得了一定的进展。科学家研制成了一些神经细胞的模型，也有由复杂集成电路组成的元件，它们具有活细胞的某些能力，能够显示出活细胞的某些特性，例如对有关外界刺激的适应性等。而且在深入研究神经细胞之间的微妙联系，探索神经网状结构的综合本领以及认识、记忆、推理、判断等种种意识活动的细节方面，人类的研究工作也取得了一定的进展。

知识角 ZHISHIJIAO

人脑的绝对重量为1000～2000克，约占体重的1.2%~2.4%。男子的脑平均重为1375克，女子因一般体重较轻，所以脑的平均重量仅有1230克。

※ 电脑的出现代替了许多人脑的工作。

电子计算机的出现

现在，用于生产控制的电子计算机，能够接收、研究和判断外界生产条件，做出适宜的选择后发出信号，控制生产在最好的条件下进行。电子计算机是现代科学技术的奇迹之一。电子计算机和以前所有的机器都不同：一般的机器，不论威力多么大，不论多么精巧，从本质上来说，仅能代替体力劳动，而电子计算机却能在一定程度上代替人脑进行非创造性的脑力劳动。

麦秆与自行车>>>

自行车，在拉丁文中是“快”和“步行人”的意思，中文译名“自行车”。如今，自行车作为交通代步、锻炼身体、越野旅游、运动比赛以及少量货物运送的工具，已遍及到世界的每个角落。自行车出现于何时？它和麦秆又有什么关系呢？

第一辆“木马轮”

最早的自行车结构非常简单，它前后是两个木质的轮子，中间用横梁相连，上面安了一个板凳供骑车人乘坐，人们称它为“木马车”。它是由一个名叫西夫拉克的法国人在1790年制作完成的。工艺相当简单，没有传动链条、没有转向装置，要靠骑车人双脚蹬地前行，而且还不能拐弯，所以要想把它骑好也不是一件容易的事。

※ 1818年，卡尔·德莱斯发明的木质两轮车，只能用双脚蹬地前进。

※ 早期的自行车

不断改进

刚刚出现的新事物总是不那么完善，人们继续想办法改进。1818年，德国人德莱斯给他“可爱的小马崽”加上了控制方向的车把；1840年，英格兰的麦克米卢在后轮的车轴上装上曲柄，再用连杆把曲柄和前面的脚蹬连接起来，骑车人双脚交替踩动，车子便会行驶起来，从而真正使骑车人的双脚离开了地面。1861年，法国的米肖父子在前轮上安装了能转动的脚蹬板，并且将这种车改名为“自行车”。1869年，英国的雷诺采用钢丝辐条拉紧车圈作为车轮，利用细钢棒制成车架，减轻了自行车自身的重量。

※ 现代新型自行车

现代自行车的诞生

真正意义上具有现代形式的自行车，是1874年由英国人罗松研究出来的。他给自行车装上了链条和链轮，实现了用后轮的转动来带动车子前进。1886年，英国的斯塔利将前叉和车闸装在自行车上，将其前后轮的大小统一，用钢管制成了菱形车架，还首次使用了橡胶车轮。尤其是用钢管制成的车架代替了以前的钢棒车架，使自行车自身的重量减轻了许多，行动起来更加的轻快、方便。

空心管子

关于用空心管子做成车架的改良，是人们从麦秆中得到的启发。我们可以看到，一根细长的麦秆，能够支持住比它重几倍的麦穗，奥妙就在于它是空心管子。原来，任何一块材料遇到外力发生变形的时候，总是一边受到挤压力，另一边受到拉伸力，而材料中心线附近长度基本不变。这就是说，离开中心线越远，材料受力越大。空心管子的材料几乎都集中在离中心线很远的边壁上，因此，它比一根同样重的实心棍子的刚度要大得多。车架是自行车的骨骼，需要有足够的强度，而空心管子好正符合了这个要求。

“自行车之父”

英国人斯塔利不仅改良了自行车，并且还改进了生产自行车部件的车床，使自行车实现了大量生产，因而他被称为“自行车之父”。他所设计的自行车车型已经与今天的自行车很相似。1888年，英国人邓洛普把充气轮胎装上了自行车，这是自行车发展史上的一个划时代的创举。此后，自行车又经过一系列新的改进，最终变成了人们今天所看到的样子。

知识角 ZHISHIJIAO

现代的自行车已不单单作为一种代步工具，同时也是一个体育运动项目。自行车比赛分为山地赛、公路赛和场地赛。每年一度的环法自行车赛非常著名。

神经和网络>>>

“人类能否制作模拟人脑的人工神经元？”多年以来，人们关于人工神经网络的研究一直没有停止过，与数字计算机比较，人工神经网络在构成原理和功能特点等方面更加接近人脑，它能够自身适应环境、总结规律、完成某种运算、识别或过程控制。

复杂的神经系统

人工神经元的研究起源于脑神经元学说。19 世纪末，有关学者在生物、生理学领域创建了神经元学说。人们认识到复杂的神经系统是由数目繁多的神经元组合而成。大脑皮层包括有 100 亿个以上的神经元，每立方毫米约有数万个，它们互相连接形成了神经网络，通过感觉器官和神经接受来自身体内外的各种信息，传递至中枢神经系统内，经过对信息的分析和综合，再通过运动神经发出控制信息，以此来实现机体与内外环境的联系，协调全身的各种机能活动。

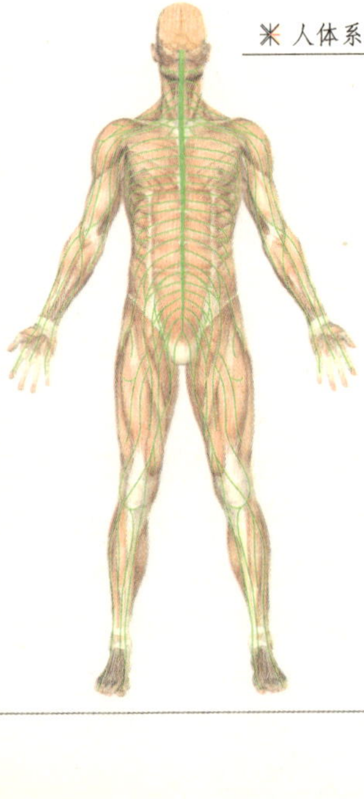
人体系统的神经线分布

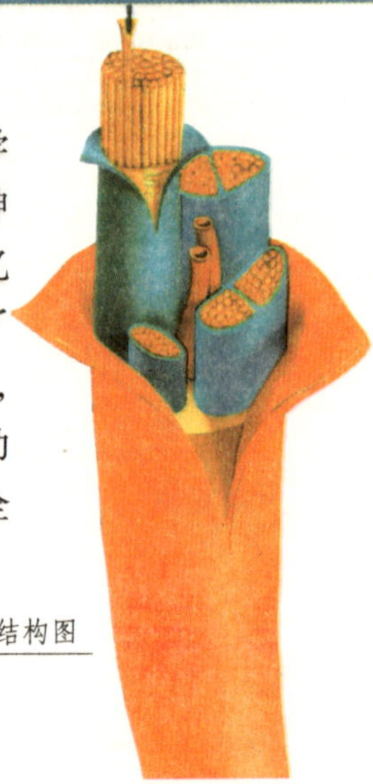
神经结构图

发展历史

1943 年，一些科学家在分析、总结神经元基本特性的基础上首先提出神经元的数学模型。此模型沿用至今，并且直接影响着这一领域研究的进展。包括被誉为“计算机之父”的冯·诺依曼也是人工神经网络研究的先驱之一。20 世纪 50 年代末，一位学者首先设计制作了“感知机”，它是一种多层的神经网络。这项工作首次把人工神经网络的研究从理论探讨付诸工程实践。到了 20 世纪 80 年代，美国科学院院刊上发表了两篇关于人工神经网络研究的论文，引起了巨大的反响，形成了 80 年代中期以来人工神经网络的研究热潮。

发展现状

目前，人工神经网络主要的研究工作包括：(1) 生物原型研究。从生物科学方面研究神经细胞、神经网络、神经系统的生物原型结构及其功能机理。(2) 建立理论模型。根据生物原型的研究，建立神经元、神经网络的理论模型。(3) 网络模型与算法研究。在理论模型研究的基础上构造具体的神经网络模型，以实现计算机模拟或准备制作硬件。(4) 人工神经网络应用系统。在网络模型与算法研究的基础上，利用人工神经网络组成实际的应用系统。

※ 大脑有很强的自适应与自组织特性，如运动员们可以表现的各种运动技巧。

自适应与自组织能力

人类的大脑有很强的自适应与自组织特性,后天的学习与训练可以开发许多各具特色的活动功能。如盲人的听觉和触觉非常灵敏；聋哑人善于运用手势；训练有素的运动员可以表现出非凡的运动技巧等等。人工神经网络也具有初步的自适应与自组织能力。在学习或训练过程中改变突触权重值，以适应周围环境的要求。同一网络因学习方式及内容不同可具有不同的功能。人工神经网络是一个具有学习能力的系统，可以发展知识，以致超过设计者原有的知识水平。

知识角 ZHISHIJIAO

神经元也和其他类型的细胞一样，包括有细胞膜、细胞质和细胞核。但是神经细胞的形态比较特殊，它分为细胞体、轴突和树突 3 部分。

※ 计算机网络就是对人类神经网的仿生应用。

较快的处理速度

若从速度的角度出发，人脑神经元之间传递信息的速度要远低于计算机，前者为毫秒量级，而后者的频率往往可达几百兆赫。但是，由于人脑是一个大规模并行与串行组合处理系统，因而，在许多问题上可以作出快速判断、决策和处理，其速度则远高于串行结构的普通计算机。人工神经网络的基本结构模仿人脑，具有并行处理特征，可以大大地提高工作速度。

发酵与细菌>>>

发酵是人类较早接触的一种生物化学反应，是生物氧化的一种方式。我们平常所见的松软可口的馒头、香喷喷的面包、醇香提神的酒，制作过程中都经过了发酵这一过程。如今，在食品工业、生物和化学工业中，发酵已经得到了广泛的应用。

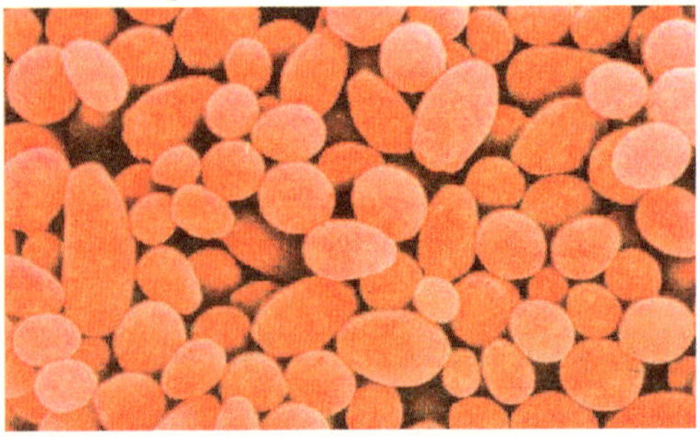

✳ 显微镜下面的酵母菌

微生物

发酵工程的主角是微生物。微生物是一种通称，它包括了所有形体微小、结构简单的低等生物。从不具有细胞结构的病毒，单细胞的立克次氏体、细菌、放线菌，到结构略为复杂一点的酵母菌、霉菌，以及单细胞藻类（植物）和原生动物（动物）等，都可以归入微生物。与发酵工程有关的，主要是细菌、放线菌、酵母菌和霉菌。

自身特点

微生物对周围环境的温度、压强、渗透压、酸碱度等条件有极大的适应能力。它可以在80 ~ 90℃的环境中繁衍生息，而另一些微生物则能在−30℃的环境中过得逍遥自在，甚至在−250℃的低温下仍不会死去，只是进入“冬眠”状态而已。微生物还具有极强的消化能力，例如，在发酵罐里，一克酒精酵母一天能吃下数千克糖类，把它们分解成酒精。此外，微生物还拥有惊人的繁殖速度，大多数微生物以“分”来计算繁殖周期。即每隔数十分钟，一个微生物就会变成两个。只要条件合适，微生物的数量就会不停地成倍成倍地增长。

✳ 啤酒的酿造离不开微生物的作用。

我们在饭菜中常加的醋，同样是经过发酵后才酿制而成的。

酵母菌

酵母菌的本领非凡，它们可以把果汁或麦芽汁中的糖类在缺氧条件下，分解成酒精和二氧化碳，使粮食或糖变成酒。它们能够使面粉中游离的糖发酵、产生二氧化碳气体，在蒸烤过程中，二氧化碳受热膨胀，于是馒头或面包就变得松软可口，所以人们称酵母菌为“发酵之母”。酵母菌浑身是“宝”，它们的菌体中含有一半以上的蛋白质，而且酵母菌还含有多种维生素、矿物质和核酸等。家禽、家畜吃了用酵母菌发酵的饲料，不但肉长得快，而且抗病能力和成活率都会提高。

醋酸杆菌

醋是人们生活中不可缺少的调味品。利用微生物造醋我国从古代就有记载，《齐民要术》中就记载了 30 多种不同的做醋方法。镇江香醋、山西陈醋都是驰名中外的佳品。醋是由醋酸杆菌发酵产生的。生产醋的酿造过程和酒基本相似，这种细菌能将酒进一步氧化成醋酸。造酒时如果条件掌握不好，醋酸杆菌就会将美酒变成醋酸。所以，酿酒师傅总是把酒桶盖的严严实实，不让醋酸杆菌混入酒桶。

知识角 ZHISHIJIAO

外界环境或内部某个因素的改变都可能使某种微生物一下子变得面目全非，而且以后就以新的面目繁殖后代，遗传下去。这种变化往往使它更能适应环境。

真菌和酿酒

每逢喜庆节日，我们的饭桌上总要摆上酒。在我国，造酒有着悠久的历史。不过，真正的酿酒大师是名不见经传的微生物。酿酒所用的微生物基本上是真菌。由于酿酒的原料不同，菌种、工艺和发酵条件的不同，所酿造的酒也就各有特色，品种千差万别，但归纳起来可把酒分为四类：即黄酒、白酒、啤酒和果酒。

香甜可口的馒头也需要经过发酵才能更加松软。

生产抗生素的细菌>>>

在很久以前，人们常因为得一些不知名的疾病而死亡。后来，经过无数科学家艰苦努力的工作，终于找到了真正的杀人凶手——细菌。为了制服这些细菌，科学家们又进行不断地探索，最终找到了消灭这些恶魔的武器，而这些武器仍然是细菌。

磺胺的诞生

1935 年，德国有一位勤奋好学的年轻医生杜马克，他领导着一个试验小组在寻找着杀灭细菌的武器。经过无数次的实验后，他发现并证明了一种药品可以杀死人体内的链球菌。这说明了此药对杀灭链球菌有特效。于是，他根据药的化学结构，给它起了个名字叫磺胺。后来，磺胺被广泛地应用到医疗中去，救治了许多病人。直到今天，它仍然被广泛地应用着。

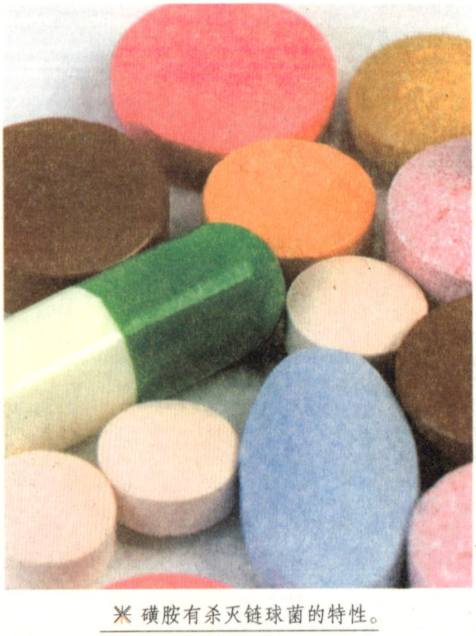

✳ 磺胺有杀灭链球菌的特性。

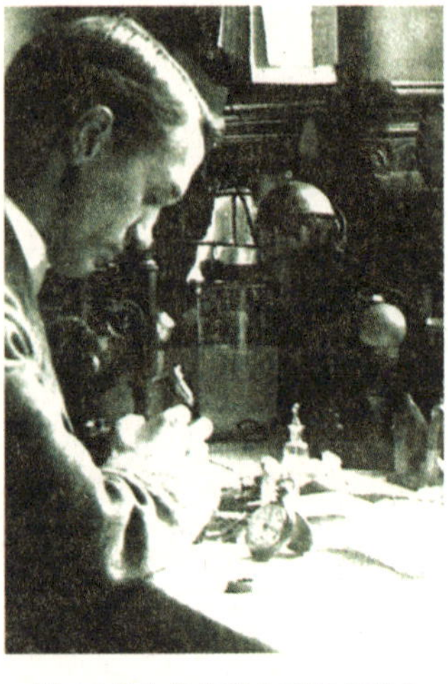

✳ 25 岁的弗莱明在研究青霉素。

不断探索

磺胺虽然救了不少人，可是，人们逐渐发现，磺胺类药物只对少数几种疾病有较好的效果，而且对于许多病人还会产生严重副作用。于是人们愈来愈强烈地期盼着一种有效而无害的杀菌剂的问世。英国著名的微生物学家、科学家弗莱明早在青年时代，就曾经苦苦钻研过病菌引起疾病的秘密，辛勤地探求过消灭这些可怕病菌的方法。1928 年，弗莱明从青霉菌的原液里发现了青霉素。

青霉素的发现

有一次，弗莱明在实验室里研究葡萄球菌后，忘了盖好盖子。一个星期后，他突然发现培养细菌用的琼脂上附了一层青霉菌，原来，这是从楼上一位研究青霉菌的学者的窗口飘落进来的。令他惊讶的是，青霉菌消灭了它接触到的葡萄球菌，而且就连黄色培养液也有较好的杀菌能力。于是弗莱明推论，真正的杀菌物质一定是青霉菌生长过程的代谢物，他称之为青霉素。由于当时技术的限制，提取的青霉素杂质较多，疗效不太显著，没能引起足够的重视，但弗莱明坚信总有一天人们将用它的力量去拯救生命。

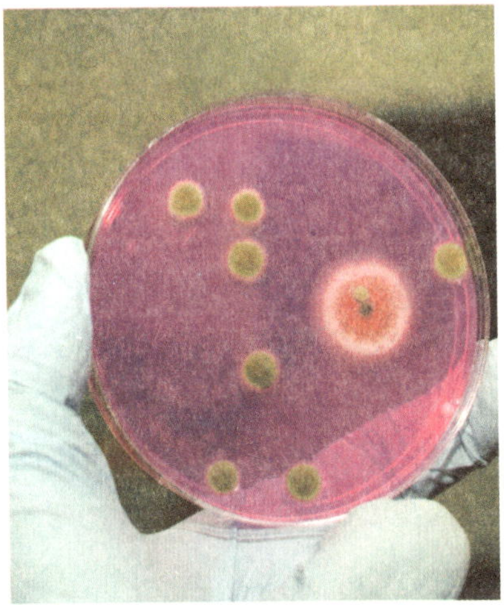

✳ 在试验中，长出的青霉菌。

大量生产

20 世纪 30 年代，澳大利亚病理学教授霍华德·弗洛里组织了一大批专家专门研究溶菌酶的效能。1939 年，29 岁的生物化学家厄恩斯特·钱恩等人在一本积满灰尘的医学杂志上意外发现了弗莱明 10 年前关于青霉素的文章，极大地鼓舞和启发了弗洛里和钱恩。经过艰苦努力，钱恩终于成功地分离出像玉米淀粉似的黄色青霉素粉末，并把它提纯为药剂。在军方的大力支持下，青霉素开始走上了工业化生产的道路。

知识角 ZHISHIJIAO

抗生素广泛应用的同时，人们也发现，多达 10%的人对青霉素有过敏反应，而且某些细菌逐渐对青霉素产生了耐药性。

✳ 在制造青霉素的药厂，工人们正在细致而认真地工作。

接踵而至的发现

青霉素大量应用后，拯救了千百万肺炎、脑膜炎、脓肿、败血症患者的生命，及时抢救了许多伤病员。弗莱明、钱恩、弗洛里也因此于 1945 年共同获得了诺贝尔医学和生理学奖。青霉素的成功也为其他抗生素的研制打开了方便之门。此后的短短 20 余年内，链霉素、氯霉素、金霉素等数 10 种各有功效的抗生素又被陆续发现。

消除污染的细菌>>>

现在，环境问题已成为世界上各个国家面临的一个主要的问题，环境污染直接威胁着人类的生存。人们要保护环境，就要消除那些造成环境污染的因素。在这一方面，微生物又为我们立下了“汗马功劳”。人们正在利用微生物改造自然，保护环境。

重要的微生物

从地球上有了生物到现在，每天都有大量动物、植物和人类死亡；人们每年要扔掉许多废纸、烂菜叶等东西。而各种各样的废物和垃圾都经过微生物的作用，被它们分解。它们将这些东西中的水送入空中或地下，将这些物质里的碳元素以二氧化碳的形式还原给空气，使空气中的二氧化碳保持恒定。微生物将这些物品中的其他元素，如氮、硫、磷等都送回土壤中，成为植物的肥料，或送入大气中，以弥补大气中损失掉的这些元素，所以说，没有微生物，就没有我们自己。

※ 石油泄露导致了海水的污染。

油污染

2010 年 4 月 20 日，英国石油公司租赁的“深水地平线”海上石油钻井平台在美国路易斯安那州附近的墨西哥湾水域发生爆炸并沉没，导致了美国历史上最严重的漏油事故。20 世纪 60 年代以来，海面的浮油污染已经成了环境保护中最令人头疼的问题之一。浮油的来源不仅是油轮失事，还有货轮和沿岸工厂排放污油。其结果便是整个地球的海洋表面上出现了一大片一大片的油污，久久不肯退去。

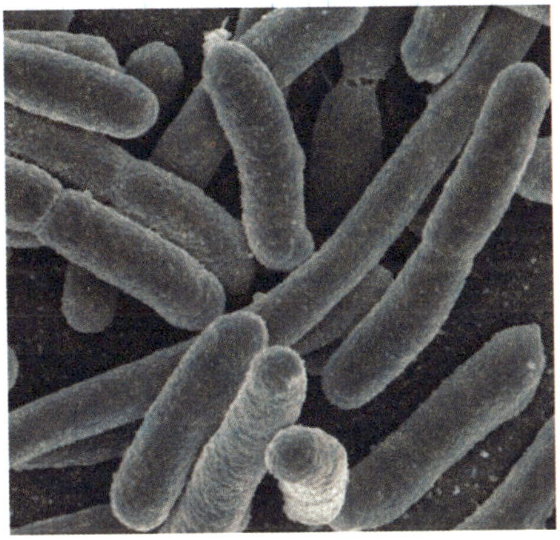

显微镜下的嗜烃菌

以石油为食

就在浮油污染日益严重，几乎使人束手无策的时候，一些聪明的学者又想起了发酵工程这一法宝。他们找到一种以石油为食的微生物，叫嗜烃菌。研究人员筛选出了生命力最强的菌株，供给最充分的营养，使它们活性更强，而且大量繁殖，然后配制成一瓶一瓶的药液——浓缩的菌液。在被污染的海面上，只要洒上一定数量的药液，不出 1 周，80%油污即会被这些微生物吞吃掉，产品则是二氧化碳和菌体蛋白。菌体蛋白还是一些海洋生物的营养品。

危险的 DDT

DDT 是一种高效杀虫农药，从 20 世纪 20 年代起风行于全世界，但 60 年代即被禁用。原因是它在使用后不会自行分解，而是积聚在土壤中。土壤中的 DDT 会通过农作物的根系进入农作物，然后又会进入人体，积聚于人的肝脏，损害人体健康。即使在 DDT 被禁用以后，这个问题仍未解决。因为经过数十年的使用，DDT 在土壤中的浓度已经很高了，而且自然界的净化能力对它毫无办法。

人类大量使用DDT，使许多野生动物间接地受到DDT的危害，孵化率大大降低。

知识角 ZHISHIJIAO

处理废物、废气、废水的微生物不是那些各自为战的微生物，而是融合着人类智慧的、经过改造的微生物，是经过发酵工程的微生物。

吃 DDT 的细菌

20 世纪 80 年代后期，人们终于找到了从全球的土壤中清除 DDT 的根本办法。一些科学家将一种昆虫的耐 DDT 基因转移到细菌体内，培育一种专门“吃”DDT 的细菌，再大量培养，制成药液。这种药液喷洒到土壤中，不出数天，土壤中的 DDT 就会被“吃”得一干二净。这样，人类数十年来的这个“心腹之患”总算可以清除掉了。

仿生机器人>>>

仿生机器人是指模仿生物、从事生物特点工作的机器人。它的应用领域非常广泛，可以在宇宙、海洋、原子能生产、灾害现场等异常环境中帮助和代替人类进行作业。目前，科学家研制出的机器鸟和机器昆虫能够代替人类监视太空发展动态。

机械蟑螂

蟑螂也能给科学家提供设计的灵感，科学家们发现，蟑螂在高速运动时，每次只有 3 条腿着地，一边两条，一边一条，循环反复，根据这个原理，仿生学家制造出了机械蟑螂，它不仅每秒能够前进 3 米，而且平衡性非常好，能够适应各种恶劣环境，不远的将来，太空探索或排除地雷，就是它的用武之地。

✳ 在人类探索太空的征程中，机械蟑螂发挥着非常重要的作用。

机器蜘蛛

机器蜘蛛是太空工程师从蜘蛛攀墙特技中得到灵感而创造出的，它安装有一组天线模仿昆虫触角，当它迈动细长的腿时，这些触角可探测地形和障碍。机器蜘蛛原形很小，直立高度仅 18 厘米，比人的手掌大不了多少。“蜘蛛侠”们不仅能攀爬太空越野车无法到达的火星陡坡地形，而且成本也经济许多，这样，一大批太空“蜘蛛侠”就会遍布在火星大地的各个角落。

知识角 ZHISHIJIAO

机器人未问世之前，人们对机械动物非常感兴趣，如传说诸葛亮制造木牛流马，现代计算机先驱巴贝吉设计的鸡与羊玩具，凫水的铁鸭子等，都非常有名。

机器雨燕

科学家受到雨燕的启发，研制出一种轻巧的微型飞机。挺杆装置使机器雨燕能灵活调整飞行姿势，类似于真正的雨燕在捕捉昆虫时迅速将翅膀收拢一样。不像一般的扑翼飞机，机器雨燕的翅膀可以拍打扇动，其外观利于做间谍飞行物，即使在空中飞行打探情报，敌人也不易察觉，这类的仿生机器人有望被大量应用于军事领域。

✳ 轻巧的微型飞机就是模仿雨燕灵活的飞行姿势。

机器鱼

美国的研究人员已成功地研制出了几条机器鱼。该机器鱼，就像真鱼一样，依靠鳍游泳，并且能追逐猎物，如漂流物或小鱼。机器鱼的后部有两片平行于水面的尾舵，随着尾舵转动，机器鱼可以上浮和下潜。还有一条竖直的尾鳍，用来保持平衡。机器鱼唯一的动力来自尾巴。这片尾巴，由后部伸出的一只机械臂带动。还有一条名叫查理的机器金枪鱼，长为 1.32 米，由 2 843 个零件组成。通过摆动躯体和尾巴，能像真的鱼一样游动，时速为 7.2 千米，人们可以利用它在海下连续工作数个月，由它测绘海洋地图和检测水下污染，也可以用它来拍摄生物。

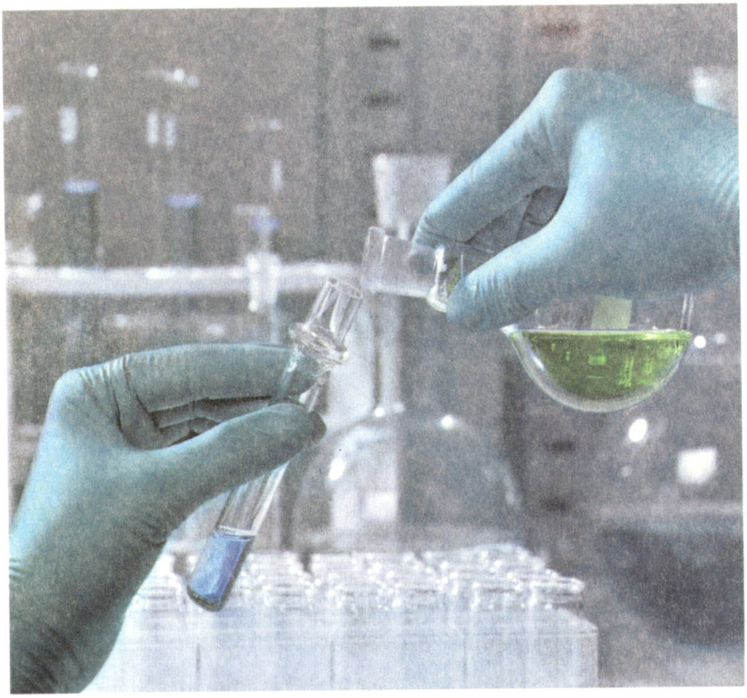

✳ 机器苍蝇常常被用在化学研究领域。

机器苍蝇

美国的研究人员曾开发出一种微型机器人，其飞行运动原理和真的苍蝇非常相似。机器苍蝇仅重 60 毫克，身长为 8 毫米，翼翅长为 3 厘米。如果有人要在碎石堆里开展救援行动或是在难以跨越的地方进行侦察工作，机器苍蝇可是一种理想的工具。机器苍蝇的袖珍体型和类似苍蝇的外形还可使它在有毒化学物质侦测方面发挥重要作用。

病毒与基因植入>>>

在微生物世界里，病毒是最小的成员之一，以至于科学家们只能通过电子显微镜才能观察到它们。病毒在自然界分布广泛，可感染细菌、真菌、植物、动物和人，常引起宿主发病。然而，经过人类改造后的病毒，却可以防止病虫害，为人类造福。

病毒的威胁

众所周知，“天花”是一种危害人类的病毒。早在公元前 10 世纪，这种病毒便与人类打起交道来了。在 3 000 多年的历史长河里，它给我们人类的生活带来了无情的摧残。只要染上天花的人，死亡的可能性就高达 50%。直到今天，在全世界范围内消灭天花的美好愿望才基本实现。不仅人类，自然界中的植物也受到了病毒的危害。19 世纪末期在日本的广大农村，突发了一种水稻流行病。绿色的禾苗逐渐变成了茫茫的枯草，导致农田绝收，许多人被饿死。

※ 人类历史上，多次记录过天花大规模流行的悲惨情景，有人估计在 18 世纪内，约有 1.5 亿人死于天花。

知识角 ZHISHIJIAO

病毒在人类生存和进化的过程当中，扮演了不同寻常的角色，人和脊椎动物直接从病毒那里获得了 100 多种基因。

病毒的结构

在电子显微镜下，病毒的结构形态有的像一个圆皮球，有的像一根短木棒，还有一些如同丝绒。病毒之小，小到连最基本的生物结构单元——细胞——都没有，仅有一层由蛋白质组成的外壳，以及包于壳内的决定其繁殖特性的遗传物质。

病毒的“改造”

科学家经过研究发现，病毒本身并不能进入植物体内，而是依靠蚜虫、粉虱、线虫等昆虫为媒介。当这些昆虫咬伤植物的时候，将病毒也带到了伤口处，进一步深入到植物的细胞中，一旦病毒在细胞中定居下来，它们便大肆繁殖，残害寄生植物。科学家们研究还发现，虽然病毒会对人体、动植物构成危害，但也可经过改造后被利用起来。在病毒改造方面，科学家们已做出了艰辛的探索，而且取得了一定的成绩。

※ 病毒不仅危害人的身体健康，同时也威胁着动植物的生命。上图中的人类和动物都在接受病毒疫苗的注射。

被“驯化”的病毒

如今，在我国用来防止主要害虫的昆虫病毒达290多种，其中10多种已在我们的农业生活中展示了无比的威力。其次，就正如郁金香的碎色花瓣一样，我们知道病毒“入侵”花草会使之变色或畸形，而这种效果为我们的观赏花卉树木增添了无穷情趣，使之更加婀娜多姿、绚丽多彩而且形态奇特、变化多端。其实，将病毒转化为造福人类的“积极分子”，还主要是在遗传工程等高科技领域方面。通过对它们的逐步“驯化”，便能让它们做出更多有益的事情。

※ “驯化”后的病毒可以使花卉的颜色更加艳丽。

生物病毒的好处

噬菌体可以作为防治某些疾病的特效药，例如烧伤病人在患处涂抹绿浓杆菌噬菌体稀释液；在细胞工程中，某些病毒可以作为细胞融合的助溶剂，如仙台病毒；在基因工程中，病毒可以作为目的基因的载体，使之被拼接在目标细胞的染色体上；病毒可以作为精确制导药物的载体；病毒可以作为特效杀虫剂；病毒还在生物圈的物质循环和能量交流中起到关键作用；病毒还可以用来治疗疾病，比如癌症。

图书在版编目（CIP）数据

向动植物偷师学艺：仿生应用篇/畲田主编. —西安：西北工业大学出版社，2011.10（2012.5 重印）
（青少年科技知识普及丛书）
ISBN 978-7-5612-3128-9

Ⅰ. ①向… Ⅱ. ①畲… Ⅲ. ①仿生—青年读物②仿生—少年读物 Ⅳ. ①Q811-49

中国版本图书馆 CIP 数据核字（2011）第 159373 号

向动植物偷师学艺
——仿生应用篇>>>

主　　编：畲　田
策划编辑：李　杰
图文编排：杨军利
责任编辑：黄　超
出版发行：西北工业大学出版社
通信地址：西安市友谊西路 127 号　　邮　　编：710072
电　　话：(029) 88493844　　88491757
网　　址：www.nwpup.com
印 刷 者：陕西长盛彩印包装有限公司
开　　本：727mm × 960mm　1/16
印　　张：6
字　　数：100 千字
版　　次：2011 年 10 月第 1 版　2012 年 5 月第 2 次印刷
定　　价：18.00 元